Nature · Travel · Life

自 然 生 活 記 趣
台 灣 蜥 蜴 特 輯

涂昭安 江志緯 曾志明 著

向高世 審訂

目 錄

LIZARDS of TAIWAN

Mark O'Shea
Professor Herpetology,
University of Wolverhampton, UK.

Natural Travel Live - Lizards of Taiwan is the third in a series of titles on the reptiles and amphibians of Taiwan. Around the world there are fewer field guides dedicated to lizards, than to snakes, frogs and turtles, so it is refreshing to see the authors of the Natural Travel Live – Snakes of Taiwan and Amphibians of Taiwan have followed up those two expertly illustrated titles with the volume you are holding on Taiwan's Lizards.

Taiwan is a diverse country with many different habitats, from sea-level to 3000 masl. The country also exhibits a fascinating lizard fauna comprising 45 species across eight families. Every species receives a full two-page spread comprising numerous excellent images, many illustrating specific characteris -tics to aid species recognition, all beautifully presented. The layout even including species-specific patterned bands down the outer edges of the spreads. Also provided are useful graphics that indicate at a glance whether the species is endemic or exotic (introduced) and whether it is protected. Fourteen species are endemic to Taiwan, six species are protected, and seven species are introduced.

Natural Travel Live – Lizards of Taiwan is not confined to the lizards of mainl and Taiwan. The three authors have also visited Taiwan's satellite islands: Guishan Island, Green Island, Orchid Island, Kinmen and Mazu. Offshore islands are extremely important when it comes to lizard distribution, probably more than for snakes or frogs, because many gecko and skink species are endemic to these small oceanic gems. This really is an attractive book and with its two sister volumes, on snakes and frogs, it represents an important series of the herpetofauna of Taiwan that should be included in the libraries of anybody or organisation with an interest in the herpetofauna of Eastern Asia.

曾惠芸
國立台灣大學昆蟲學系助理教授

　　大約在1998年之前，台灣已經有相當穩定的鳥會系統與賞鳥人口，但是當時的兩棲爬蟲相關圖鑑與網路資訊都不是很發達，喜歡跑野外賞蛙、找蜥蜴與蛇的人並不是很多。但是現在就不一樣了，在資訊發達與許多兩爬前輩專家的推廣下，許多高中或是大學生物相關社團就有非常多的學生愛好兩爬，社會上也有許多喜愛兩爬的蛙友或爬友，每逢假日，像北橫這樣的爬蟲熱點就有非常多的爬友在山上觀察動物，許多爬友間獨特的野外發現記錄也能迅速的在同好間流通。

　　志明是大學系上學弟，從認識他開始就知道他熱愛野生動物，一有空就常常和小黑、小安幾位同樣帶著滿滿熱情的好朋友衝往山上拍攝野生動物，當時常常看到他們在部落格上貼滿各種兩爬精彩的照片，也一直很期待有天這些精美的照片能夠集結出書，沒想到他們真的做到了！近幾年，由於分子生物學技術的進展，用DNA配合形態上的證據讓兩爬的分類系統有巨大的改變，台灣的蜥蜴種類也有不少的改變，有一些新物種的發表（如白斑石龍子、龜山壁虎），許多物種的學名也有改變（過去的Japalura變成Diploderma），也比以前多了許多的外來種（密疣蝎虎、脊斑壁虎、綠水龍、綠鬣蜥、高冠變色龍等），在這本書裡，這些物種的變動都被及時的更新在書中。

　　除了最新的資訊外，在看這本書最令人享受的是，作者放了他們多年來犧牲假日、休息時間，勤跑各地拍到許多物種種內不同變異外型的個體，書中也有每個物種詳細的外部特徵、難得的捕食或是繁殖記錄，也介紹如何分辨相似的物種。相信讀者在欣賞這些精采的照片之餘，這本書也讓大家有滿滿的收穫。雖然大眾對兩棲爬蟲類的接受度還是比鳥類或哺乳類低，帶狗、貓或鳥去公園散步還是比帶蜥蜴或是蛇更能被大眾接受，但是跟過去相比，觀念已經慢慢改變，希望透過志明、小黑、小安這本精彩的書，能引起更多人對兩爬的興趣與喜愛。

楊胤勛
自然攝影知名部落客

　　兩棲爬蟲動物一直都是生態保育最容易被忽視的一群，牠們不如鳥類、蝴蝶甚至甲蟲般那麼吸睛或討人喜愛，甚至很多人對牠們是懼怕或是討厭的。但是牠們仍然是生態組成的一份子，也應有生存在野外並繁衍族群的權利，更何況牠們在生態環境裡也扮演了特定的角色和地位，少了牠們野外食物鏈及生物多樣性就不完整，造成的問題可能是某些物種如老鼠、蚊蠅的大量孳生，或是食物鏈更高階的物種如老鷹、伯勞鳥等因為缺乏食物來源而跟著消失，這些對於人類的影響可能比我們所想得還要嚴重。

　　然而當我們在各地從事推廣兩棲爬蟲動物的保育觀念時，卻常常遭受一般民眾的質疑，尤其對於有攻擊性、有毒或是醜陋噁心的物種，很多人會覺得在野外碰到牠們應該是要除之而後快，怎麼會還要保育牠們呢? 要扭轉這些深植人心的成見著實不易，其實分析原因這些阻力主因其實是因為民眾對於這些物種的不了解、沒見過，或是接觸太多錯誤的訊息和知識所造成。「自然生活記趣」系列書也許是一個搭起一般民眾和兩棲爬蟲動物的橋樑書，因為它並不是硬梆梆難以閱讀的圖鑑，而是用大量精美並能看清不同角度、細節或是特殊生態行為的圖片，再搭配簡單易讀的文字敘述，讓大家能以輕鬆、沒負擔的心情看到、吸收到不一樣的兩棲爬蟲動物相關知識，從而發現牠們也有特別、有趣並吸引人的一面。

　　而「自然生活記趣台灣蜥蜴特輯」將主題放在台灣能看見的原生+外來種蜥蜴，書中圖片可說張張精采，且皆為野外實地拍攝，其中不乏珍稀物種或是難得一見的生態行為照。本書的三位作者：小安(涂昭安)、小黑(江志緯)、志明(曾志明)，由於他們對於自然生態的熱愛、熱情和熱血，常常為了追尋夢幻物種，多次進入人煙罕至的生態野地，即使經常留下遺憾無功而回，卻總是不放棄一次又一次的重新再來，因此才能造就這本圖片如此完整又精采絕倫的生態書，對於喜愛自然生態的朋友來說，「自然生活記趣台灣蜥蜴特輯」是一本絕對值得珍藏並細細品味的好書，千萬不能錯過。

李凱云
台灣兩棲類動物保育協會 監事
台灣兩棲類保育志工北區大隊長

　　蜥蜴相對於其牠動物是比較冷門的一門；因著閱讀習慣的改變，太多文字敘述已經無法讓一般讀者有耐心的看下去，反而是大量的圖片解說，在類似物種的比較中快速得到辨識的重點，是圖鑑應該產生的價值。

　　書中提到幾種外來種是我最推薦的部分，外來種問題是影響台灣蜥蜴族群不可忽視的部分，例如沙氏變色蜥、綠鬣蜥等，因為水族業者的引進，後來飼主的棄養，造成野外族群的繁衍，對本土蜥蜴所造成生存上的競爭，以及農業損失無法估計。林務局每年投入移除經費仍無法有效的控制族群數量，是非常令人頭痛的問題。希望藉著這本圖鑑的出版，讓大家認識外來種，能有效的遏止其族群量，減少台灣蜥蜴生存的競爭壓力。

　　作者志明與小黑(江志緯)是認識多年的朋友，過去他們聯手出版了台灣兩棲類、台灣蛇類兩本圖鑑，受到廣大讀者的肯定。兩人的好默契，現在出版第三本圖鑑，只是水到渠成。現在的學生願意跑野外的人變少了，而這兩位熱血作者從單純的收集物種到轉換成推廣環境教育，這是很不一樣的心路歷程，這些改變就在他們當了爸爸之後(因為要籌孩子的教育基金，哎呀，我說得太直白了XD)。另外一位作者小安(涂昭安)在多年前他仍就讀屏科大的時候有過一次的會面。當時印象非常深刻是他已經餓了一天仍不願意進食，原因是飢餓的時候比較容易找到蛇(什麼鬼理論)，血糖低到快暈倒的他，在我強迫他少量進食之後才同意他一同夜探大漢山，也是個非常有經驗又專業的野外調查工作者。

　　　總之，這淺顯易懂的圖鑑，讓三位帶領大家認識台灣的蜥蜴，很快地您也是達人。

作者序

涂昭安

江志緯

曾志明

在台灣，兩生爬行動物在過去並不為大眾所注意，然而有一群喜愛攝影的人（我們三個）像怪叔叔一般癡狂的追逐著牠們，想盡辦法將牠們的美通通裝進記憶卡中。在一次賞蛙活動中我們認識了彼此，因為一起拍了牧氏攀蜥而結緣，由於彼此的興趣太相像，一拍即合、氣味相投的我們常常說走就走，三天兩頭就往野外跑，尋找一些稀有夢幻的物種，拍攝牠們有趣的行為和迷人的風采，真是令人癡狂啊！

台灣雖然不大，但蜥蜴的種類繁多，特有種比例也很高，近40個物種中就有14個特有種。為了找尋台灣蜥蜴的芳蹤，我們造訪很多地方（包含離島的綠島、蘭嶼、金門、馬祖及龜山島），也時常走訪海拔2000～3000公尺的高山和人跡罕至的原始林，甚至為了難得一見的物種不斷前往不易到達的地方，只為了一親那神秘蜥蜴的芳澤。2006年以來的觀察累積了不少照片和記錄，也看到很多有趣的行為，希望透過這本書呈現給大家，我們用比較輕快的故事，讓讀者感受我們觀察蜥蜴的情境和從牠們身上所得的喜悅，希望大家會喜歡！跑野外很自在，無憂無慮拍照很開心，希望大家能感受到我們鏡頭底下的台灣蜥蜴之美，讓更多人能注意身邊的這群小動物，一起愛上這些可愛的蜥蜴！

這一路走來的期間，受到家人的體諒與不少貴人朋友的照顧與幫忙，才能順利完成此書，由衷感謝給予協助的朋友（依姓氏筆劃）：向高世（向老師）、江燕妮（Suyeni）、李佳翰（NeoLee）、李鵬翔（李站長）、何俊霖（Ho-her）、邱霖、范智凱、徐偉傑、許釗滂（許老師）、陳文會、陳永興、康慧君（康康）、曾威、張勝俞（木瓜）、游惇理、葉國政（葉大哥）、楊胤勛（小勛）、劉茂炎（風雲子）、蔡作明、蔣勳、劉庭維、賴志明（奎志明）、謝中和(謝米樂)......等。 以及所有負責編輯的工作團隊，再次感謝您們！最後，《自然生活記趣–台灣蜥蜴》期許每一個人，都能與蜥蜴成為好朋友，並以實際行動來保護牠們，積極的維護牠們所賴以生存的棲地，一起保育台灣的生態環境。

LIZARDS of
TAIWAN

nature-travel-life.com

Chapter 1

外形介紹

一般對蜥蜴的印象就是細長的身形，

有著一條長尾巴和四隻腳，身上布滿了鱗片。

然而細看這些蜥蜴，

其實不同種類都有各式各樣的差異，

例如攀蜥類擁有粗糙的鱗片，

石龍子類的鱗片看起來很光滑，

而壁虎類的鱗片則十分細小，肉眼不容易辨識，

這些特徵與牠們的棲地和習性息息相關。

蜥蜴的身體包覆著鱗片，

每種蜥蜴身上的鱗片依據其棲息環境，

會發展出不同的類型。

有些蜥蜴為了適應穴居生活，甚至連腳都退化掉。

蜥蜴的腳趾上為了適應生活環境也各有變化，

如攀蜥為了適應樹上生活，

牠們部分的腳趾就特別長，比較適合爬樹；

壁虎類最著名的就是腳上的皮瓣，

可以讓牠們攀附在各種物體上，具有如同吸盤的功用。

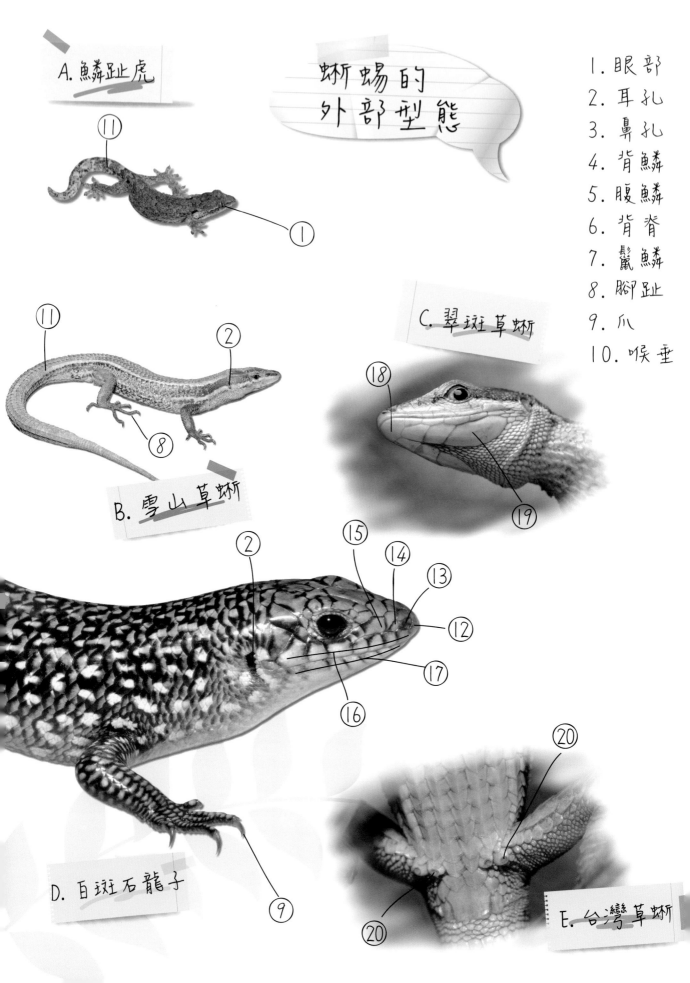

11. 尾巴
12. 吻鱗
13. 鼻鱗
14. 後鼻鱗
15. 頰鱗
16. 上唇鱗
17. 下唇鱗
18. 頦鱗
19. 頦片
20. 鼠蹊孔

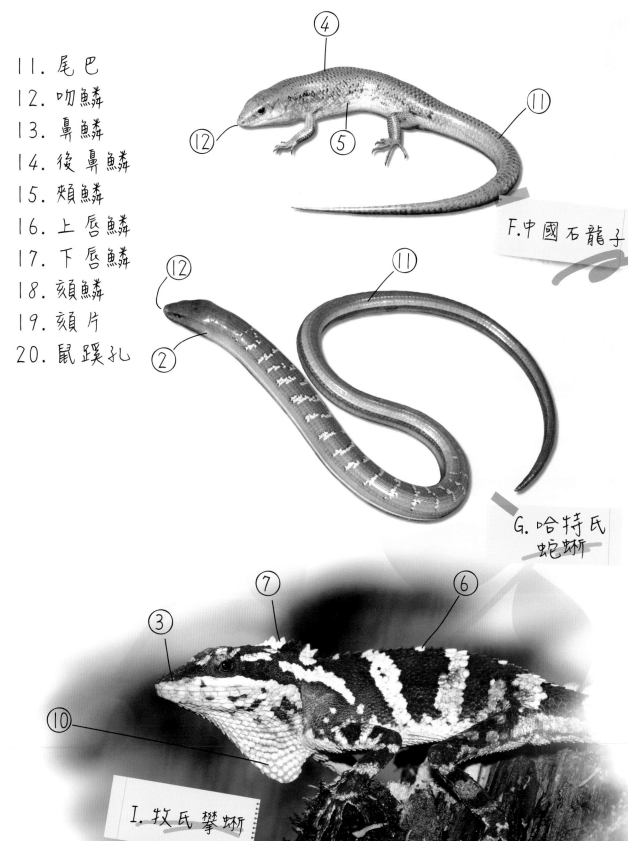

F. 中國石龍子

G. 哈特氏蛇蜥

I. 牧氏攀蜥

1 1

顆粒狀的鱗片(無疣蝎虎背鱗)

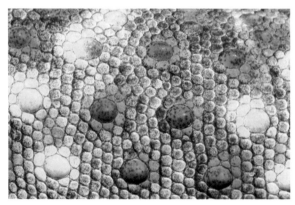

夾帶大型疣鱗(大壁虎背鱗)

光滑無鱗脊的鱗片(岩岸島蜥背鱗)

具強鱗脊的鱗片(雪山草蜥背鱗)

具弱鱗脊的鱗片(長尾真稜蜥背鱗)

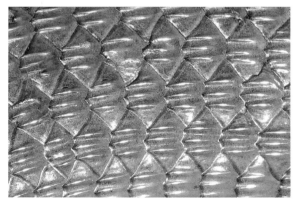

具三條強鱗脊的鱗片(多線真稜蜥背鱗)

具三條以上強鱗脊的鱗片(多稜真稜蜥背鱗)

鱗片呈不規則大小(牧氏攀蜥背鱗)

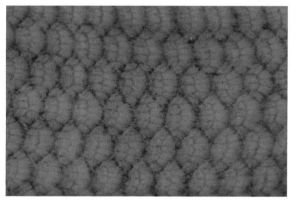

光滑的鱗片(中國石龍子腹鱗)

鱗片無鱗脊(綠鬣蜥腹鱗)

鱗片末端有凹痕(史丹吉氏蝎虎腹鱗)

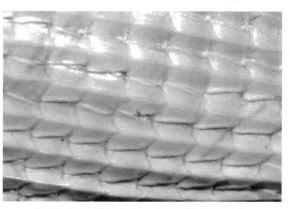

具強鱗脊的腹鱗(鹿野草蜥腹鱗)

蜥蜴的生活史

　　台灣的蜥蜴生殖方式大多以卵生為主，這類蜥蜴有些具有護卵的行為，如哈特氏蛇蜥和麗紋石龍子等......其一生為：卵→幼蜥→成蜥→交配→產卵。另一部分的蜥蜴生殖方式為胎生，目前台灣有兩個種類：印度蜓蜥和多線真稜蜥，其一生為：胎生幼蜥→成蜥→交配→以胎生方式產生下一代。此外還有一個特別的生殖方式稱之為「孤雌生殖」，顧名思義就是雌性蜥蜴不需經由交配就能直接產下後代，而這類蜥蜴大多也只有一種性別；在台灣有少數幾種壁虎為此類，如史丹吉氏蝎虎、鱗趾虎和半葉趾虎，其一生為：卵→幼蜥→成蜥→行孤雌生殖產卵。

疣尾蝎虎為有性生殖，其一生為：
卵→剛破殼的幼蜥→幼蜥→成蜥→交配→大腹便便的母蜥

而爬蟲類的卵分成鈣質卵和革質卵，鈣質卵的質地就像雞蛋一樣，蛋殼硬脆容易撞破；革質卵具有如皮革般的彈性，不易撞破，大家印象中軟軟的蛇蛋就屬於革質卵，也因為具有不易破裂的特性，這類蜥蜴在即將孵化時吻端會有小小的突起物—卵齒，將蛋殼劃開破殼而出；這類的卵會受到濕度的影響而改變形狀，當濕度降低時會產生凹陷，濕度提高就會恢復原來的膨潤。台灣的卵生蜥蜴中，只有壁虎類是產鈣質卵，其牠皆產革質卵。

　　台灣的蜥蜴產卵地點也大不同，攀蜥會把卵埋在土裡，長尾真稜蜥就常常利用山壁的涵管當產房，石龍子類或蛇蜥會在落葉堆或是石頭、木頭下產卵，壁虎類的就會利用涵管或是一些比較隱蔽的空間如洞穴內產卵。

印度蜓蜥以胎生方式產生下一代。

鱗趾虎行孤雌生殖產卵

哈特氏蛇蜥有護卵的行為，
母蜥會從產卵後一直保護所生下的卵，
直到卵孵出小蜥為止。

5

LIZARDS of
TAIWAN

nature-travel-life.com

Chapter2
蜥蜴種類介紹

蜥蜴是屬於爬行綱的一個類群，
身體被鱗片所包覆，分類階層是
動物界 脊椎動物門 爬行綱 有鱗目 蜥蜴亞目
目前台灣已發現的蜥蜴有8科18屬46種，
分別有14種特有種，1種特有亞種，8種外來種。

(1). 舊大陸鬣蜥科：共兩屬6種，
是我們所熟悉的攀蜥，包含外來種的綠水龍

(2). 蛇蜥科：共1屬1種，只有蛇蜥屬一種。

(3). 壁虎科：共5屬15種，包含壁虎屬、
蜥虎屬、半葉趾虎屬、鱗趾虎屬和截趾虎屬。

(4). 正蜥科：共1屬8種，只有草蜥屬一種。

(5). 石龍子科：共6屬12種，包含光蜥屬、
石龍子屬、島蜥屬、真稜蜥屬、滑蜥屬和蜓蜥屬。

(6). 變色蜥科：共1屬1種，
外來種，只有安樂蜥屬一種。

(7). 美洲鬣蜥科：共1屬1種，
外來種，只有美洲鬣蜥屬一種。

(8). 變色龍科：共1屬1種，
外來種，只有變色龍屬一種。

特有種　特有亞種　保育類　外來種

短肢攀蜥

Diploderma brevipes (Gressitt, 1936)

＊俗別名：肚定、竹虎、山狗太、短肢龍蜥
＊體型大小：全長18-23公分，最大25公分
＊食性：以昆蟲和蚯蚓等無脊椎動物為食
＊稀有評估：不常見
　　　　　台灣特有種

台灣的中海拔森林中有三種綠色系的漂亮攀蜥，其中兩種是較夢幻的物種，而短肢攀蜥算是中海拔綠色攀蜥中比較常見的種類，主要分布於中央山脈沿線，同樣也因為分布廣的關係，不同地區的個體外觀也有些許的不同。當初聽説在某山區很容易見到短肢攀蜥，但找了很久還是無緣見到，直到某一次在找蛇的過程中，無意間找到了一隻短肢攀蜥，在距離沒多遠的地方又再發現另外一隻，果然找到第一隻後，第二隻就會出現了。而短肢攀蜥與牧氏攀蜥的外觀很相似，發現時記得要拍照才比較容易驗明正身喔！

17

體色棕色的幼蜥

雄蜥體側有黃綠色橫帶

雌蜥體色偏單一綠色

體色少見的棕背型雌蜥

臉部有少許黃色斑

體背鱗片鱗脊明顯

趾爪長擅長攀爬

後腳特寫

特有種　特有亞種　保育類　外來種

呂氏攀蜥

Diploderma luei (Ota, Chen, and Shang, 1998)

* 俗別名：肚定、山狗太、宜蘭龍蜥、呂氏龍蜥
* 體型大小：全長18-24公分，最大27公分
* 食性：以昆蟲和蚯蚓等無脊椎動物為食
* 稀有評估：侷限分布、稀有

　　　　台灣特有種　保育類二級

台 灣產的Diploderma屬蜥蜴中，有2種是非常漂亮且夢幻的，一種是牧氏攀蜥，而另一種就是呂氏攀蜥。為了記錄呂氏攀蜥，還特別向公司請假兩天，出發前手上只準備了一張台灣地圖，小勛跟我就這樣傻傻的衝向呂氏攀蜥的棲地。當年並沒有像現在智慧型手機那麼方便，可以獲得許多資訊，只能自己去探索山區路線，結果進入山區後還開錯方向，遇上因山崩而導致道路中斷，車子差點開不出來，現在想來真是驚險！後來改以步行的方式進入山區，幾個小時後終於在5公尺高的樹上發現了，山神終究不負苦心人，找到了號稱台灣最美麗的呂氏攀蜥。

19

喜歡攀爬於高處，因此不容易記錄

使用長鏡頭拍攝

雄蜥體色較多元

雌蜥體色偏綠，受驚嚇後體色會變深

雄蜥臉旁帶有淺藍色斑

雌蜥臉旁之淺藍色斑較少

雄蜥背部具縱行斑紋

正在產卵中的雌蜥

特有種　特有亞種　保育類　外來種

牧氏攀蜥

Diploderma makii (Ota, 1989)

＊ 俗別名：肚定、竹虎、溪頭龍蜥、坟氏龍蜥
＊ 體型大小：全長18-25公分，最大27公分
＊ 食性：以昆蟲和蚯蚓等無脊椎動物為食
＊ 稀有評估：稀有

　　　　台灣特有種，保育類二級

2

台灣的Diploderma屬蜥中，最不容易見到的非牧氏和呂氏莫屬，呂氏是分布最侷限的種類，而牧氏零星分布在中部、南部及東部，分布區域較廣，各區域的個體外貌上有些許的不同。早期因不太會找牧氏攀蜥，所以看得不多，直到一次的賞蛙大會師，因而認識了大家，除了賞蛙外，也找到了不少的牧氏攀蜥，其雌蜥棕背型及均一擴散型皆有發現，果然人多就好辦事！之後對於牧氏攀蜥的習性慢慢地了解後，要再看到就容易多了。幾年後也記錄了不少牧氏攀蜥中部的個體，而雄蜥中部個體的喉部都具有黑斑，非常的特別。

幼蜥體色較淡，此為南部個體

雄蜥，東部個體

雄蜥，中部個體

體色棕色型雌蜥，此為南部個體

配對中的牧氏攀蜥，此為中部個體

中部個體雄蜥喉部具黑色斑

舌頭橘色，此為南部個體

正在產卵中的雌蜥，此為南部個體

特有種　特有亞種　保育類　外來種

黃口攀蜥

Diploderma polygonatum xanthostomum (Ota,1991)

＊俗別名：肚定、山狗太、琉球龍蜥、黃口龍蜥
＊體型大小：全長18-22公分，最大23公分
＊食性：以昆蟲和蚯蚓等無脊椎動物為食
＊稀有評估：常見　台灣特有亞種

2₃

一直以來，我們所記錄的黃口攀蜥大多在北部的陽明山及北橫山區，因為在北部是常見的，當然記錄也就最多，而中部南投的族群並不容易發現，直到2006年才在南投的蓮華池及霧社發現，在之後的觀察，其南投的族群數量也是很穩定的。黃口攀蜥是台灣產體型最小的龍蜥，只分布在中部南投以北的區域，區域上會跟斯文豪氏攀蜥共棲，主要差別在於斯文豪氏體型較大且口腔內為白色，黃口體型較小，口腔內為黃色，且雄蜥的喉部有橘紅色斑。本種是台灣特有亞種，在不同分布區域的個體外觀上也同樣有些不同。

幼蜥

雌蜥

較少見的棕背型雌蜥

一般常見個體

中部個體

北部體色偏綠個體

口腔內為黃色

雄蜥喉部為明顯的橘紅色

特有種 特有亞種 保育類 外來種

斯文豪氏攀蜥

Diploderma swinhonis (Günther, 1864)

* 俗別名：肚定、竹虎、山狗太、台灣龍蜥、
  斯文豪氏龍蜥
* 體型大小：全長25-28公分，最大31公分
* 食性：以昆蟲和蚯蚓等無脊椎動物為食
* 稀有評估：常見 台灣特有種

斯 文豪氏攀蜥是台灣產的攀蜥中，最家喻戶曉的種類，也是陪伴我們成長的小動物。斯文豪氏攀蜥是台灣分布最廣的攀蜥，離島的蘭嶼、綠島和小琉球都可發現，普遍分布於平地到海拔1500公尺以下的地區，是最好觀察的攀蜥，常常可以在淺山附近看到因為爭奪地盤和示威的伏地挺身行為，而有些地區的斯文豪氏攀蜥個體顏色是偏綠色調，相當的有趣！記得有一次跟小黑在墾丁記錄到體型超大的個體，目測至少30公分，果然測量後，這隻斯文豪氏攀蜥體長是31公分，是目前看過的最大個體。

2₅

斯文豪氏攀蜥的卵

剛破卵的幼蜥

小蜥體色為灰褐色

成蜥遇人會有做伏地挺身的威嚇動作

常見型個體

東台灣個體體色偏綠，此為蘭嶼個體

下巴有白色斑點

背部稜線明顯

特有種　特有亞種　保育類　外來種

綠水龍

Physignathus cocincinus Cuvier, 1829

＊俗別名：中國水龍、長鬣蜥、亞洲水龍
＊體型大小：全長60-90公分
＊食性：以昆蟲、魚類、哺乳動物和兩生爬行動物為食
＊稀有評估：局部常見 外來種

　幾年前，又有一種外來種蜥蜴登上新聞版面，就是原本在寵物市場上常見的蜥蜴〝綠水龍〞，在野外竟然已經有固定的族群，而且數量還在增加中！綠水龍小時後相當討喜，主要以昆蟲為食，可到60公分以上，隨著體型變大後食量也會越大，而且性情兇猛，可能是這原因才會被人棄養。目前北部地區有好幾個地方都有穩定族群，許多關心外來入侵種而前往移除的朋友還取了一個相當有趣的名稱，叫〝獵龍行動〞，第一次參與移除是在台北新店的山區，移除時間為較容易捕捉的夜晚，不過移除時最好要戴上手套，以免被咬傷。

幼蜥背部有明顯淺綠色橫斑

幼蜥體色通常以綠色為主

偶而也會隨著環境而改變體色

成蜥體長可達60公分以上

正在睡覺的成蜥

雄蜥有明顯喉垂

前趾爪特寫

雄蜥頭後至尾部間的背中線上有明顯鬃狀鱗

特有種　特有亞種　保育類　外來種

哈特氏蛇蜥

Dopasia harti (Boulenger, 1899)

＊俗別名：脆蛇蜥、無腳度定、土龍
＊體型大小：全長 35-55 公分
＊食性：以昆蟲和蚯蚓等無脊椎動物為食
＊稀有評估：稀有 保育類二級

蛇 蜥類是很奇妙的蜥蜴，因為牠們沒有腳，就像蛇一樣，跟蛇的差別是有外耳孔、有眼瞼、尾巴會自割、腹鱗多列、舌頭較無明顯分岔，為了要適應穴居的生活，以退化成沒有腳。目前台灣只有一種蛇蜥─哈特氏蛇蜥，主要分布全島中低海拔的始林，但習性隱密不容易看到，除了繁殖季或是某些地區比較容易見到外，其他區則是不容易看到的種類。剛開始找蛇蜥時，也是因為刁鑽的習性，槓龜了很久，直有一次終於在路上遇到，但很不幸的已被前一台車壓到尾巴，實在是可惜！

2₉

哈特氏蛇蜥有護卵行為

護卵行為會從產卵起到孵化為止

剛破蛋的小蜥，頭上及身上有少許黑點

長大後身上黑點會慢慢消失

無斷尾的個體，體長可達50公分以上

曾斷尾的個體，體型明顯小很多

哈特氏蛇蜥的舌頭為紫色

體鱗光滑

特有種　特有亞種　保育類　外來種

截趾虎

Gehyra mutilata Wiegmann, 1834

✻ 俗別名：裂足虎、裂足蝎虎

✻ 體型大小：全長8-12公分

✻ 食性：以昆蟲為食

✻ 稀有評估：侷限分布、稀有

3₁

某 次陪小朋友到南部農場參加幼稚園的戶外教學，那農場是一個生態教育園區，飼養了不少的動物，小朋友都很迫不及待的想去看可愛動物，農場內也種植了很多植栽及樹木，環境相當不錯。因此，農場內很容易見到兩棲類及爬蟲類動物，當天還友情客串了生態講師，小朋友只要是看到小動物都會問我「叔叔那隻動物叫什麼名字？」不過，其中有一位小朋友指著一隻壁虎時，看到還真的是嚇了一跳，那不是〝截趾虎〞嗎？這壁虎在台灣已經很久沒有記錄了，怎麼會在這地方看到？是跟著其牠動物來到台灣的嗎？心中充滿了許多疑問。

幼體

成體

頭部特寫，上唇鱗有黑色斑

背部有淺色圓型斑

尾巴較肥大，呈蘿蔔狀

第一趾不具爪 皮瓣雙行

一次會產下2顆卵，且卵殼相連

2020年於壽山發現穩定族群，其身分待後續確認

大壁虎

Gekko gecko (Linnaeus, 1758)

* 俗別名：大守宮、蛤蚧
* 體型大小：全長25-35公分
* 食性：以昆蟲為食也會吃爬蟲類、鳥類
  和小型哺乳類
* 稀有評估：不常見
  外來種

過去大壁虎在台灣只有兩筆發現紀錄，分別是 1923年及 1936年，之後再也無發現紀錄，因此大壁虎在過去是否存在於台灣一直都有爭議，所以被視為是疑問種。直至幾年前，才開始在野外有發現大壁虎的族群，因此才再被拿來討論，如高雄的蓮池潭，據說數量還不少！不過筆者多次前往高雄也只是零星的發現，而且發現後要移除也有困難度，目前聽説連屏東也有發現紀錄，而彰化八卦山目前已經移除8隻，都是雄性個體，尚未發現雌性的個體。

體色較白個體

體色較深個體

體色會隨著環境而改變

偏好光源較弱的環境

前趾抓特寫

皮瓣單行

吻鱗與鼻鱗相連

背部具大型疣

特有種　特有亞種　保育類　外來種

龜山壁虎

Gekko guishanicus Lin and Yao, 2016

＊俗別名：龜山島壁虎蝸虎、善蟲
＊體型大小：全長9-12公分最大13公分
＊食性：以昆蟲為食
＊稀有評佔：常見

3₅

幾年前在網路上看到新種壁虎發表的文章後，心裡就有種預感，小黑阿伯應該差不多要打電話來了，果然不出所料，在電話中和阿伯約好後，就坐上阿伯的車前往這壁虎出沒的地點，下車後和阿伯兵分兩路，仔細搜尋牆壁上的壁虎，過沒多久就聽到阿伯在另一頭喊著說找到了，走過去看著阿伯手指的方向，這不就是鉛山壁虎嗎，阿伯你在唬爛我喔，阿伯趕緊把相機的照片放大檢視壁虎的特徵，這隻身體上的鱗片並沒有大型的疣，是龜山壁虎沒錯，誤會小黑阿伯了啦！鉛山壁虎與龜山壁虎習性都差不多，因此要睜大眼睛仔細看才好辨識。

龜山壁虎會將卵產在岩縫中及涵管內

剛破蛋的幼蜥

初生幼體及兩顆相連的卵

成體外型與鉛山壁虎相似

正在捕食蛾類

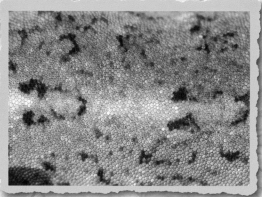

背部疣大小一至，鉛山壁虎則有夾帶大型疣

雄體有明顯肛後突

趾端皮瓣為單行

鉛山壁虎

Gekko hokouensis Pope, 1928

* 俗別名：蝎虎、善蟲
* 體型大小：全長9-12公分最大13公分
* 食性：以昆蟲為食
* 稀有評估：常見

37

鉛 山壁虎普遍分布在低海拔地區，在山區的水泥邊坡和涵管內很容易發現到牠們，跟小黑、小勛路過國境之南時，在路旁之水泥牆看到很多鉛山壁虎，小黑說宜蘭頭城一帶的鉛山明顯跟這邊的很不一樣，所以要多拍背部特寫，鉛山的背部有大型疣鱗，而宜蘭頭城一帶的鉛山是沒有的，雖然不知道小黑在說什麼小祕密，但還是跟著拍，就這樣我們在水泥邊坡上及涵管內拍攝了不少照片，而且還拍到了鉛山捕食蟑螂的過程，這是第一次那麼認真的記錄鉛山壁虎，所以只要認真的觀察，就有機會遇到難得的畫面。

產於涵管內的卵

幼體

保護色超好，如果不動還真得看不出來

融入背景後真的是有隱身術呢

捕食蛾類

背部有大型疣

雄蜥具肛後突

皮瓣單行

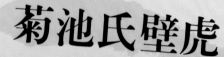

菊池氏壁虎

Gekko kikuchii Ôshima, 1912

* 俗別名：蘭嶼守宮、蘭嶼壁虎
* 體型大小：全長15-18公分最大20公分
* 食性：以昆蟲為食
* 稀有評估：稀有
* 保育類二級

菊 池氏壁虎是台灣原生壁虎中體型最大的，可以達到20公分，是只有蘭嶼才看的到的蜥蜴之一，與在台灣本島這幾年發現的外來種壁虎脊斑壁虎長得很像。在蘭嶼的第一晚，來到白天記錄多稜真稜蜥的森林，也發現了菊池氏的蹤跡，但數量較少且很機警，比較不容易拍照，因此轉往其它的點尋找，後來我們發現了一面水泥牆有比較多的涵管洞，仔細一看在涵管洞中都有牠們的蛋，原來菊池氏壁虎是喜歡這樣的環境，跟鉛山壁虎一樣而且還是鄰居，真是有趣。

39

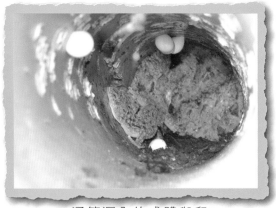

涵管洞內的成體與卵

菊池氏壁虎是台灣原生種中體型最大的壁虎

目前只有蘭嶼野外的環境中才看的到

張嘴中，舌前端顏色較深紅

背部有明顯夾帶大型疣

尾巴具刺狀鱗

第一趾不具抓

皮瓣單行

特有種　特有亞種　保育類　外來種

脊斑壁虎

Gekko monarchus (Schlegel, 1836)

＊俗別名：帝王脊斑壁虎
＊體型大小：全長可達22公分
＊食性：以昆蟲為食
＊稀有評估：不常見
　外來種

　　台灣的外來種壁虎中，有一種長得很像菊池氏壁虎的脊斑壁虎，是目前台灣體型第二大的壁虎，體長可達22公分，原本只分布在高雄的沿海一帶，慢慢的變成很多地方都有發現，像跳躍式的分布。記得第一次去尋找脊斑壁虎時，發現牠們對於燈光真的很敏感，常常手電筒一照到牠就馬上躲起來，想要好好觀察真的不容易，聽當地居民說，晚上不好觀察，因為太機警了，白天則會躲在一些板子後面，也跟疣尾蝎虎一樣會在路邊的變電箱中，因此要看到還需要一些運氣。

4
1

卵通常產於洞穴，有共用產卵地點的習性

剛出生破卵的小蜥

成體體色較深

大腹便便的雌蜥

背部黑色斑明顯，有較大疣

腹部為橘色

尾巴如截鋸齒狀之刺狀鱗片

皮瓣為單行

蜥蜴亞目 Lacertilia 壁虎科Gekkonidae 壁虎屬Gekko

 特有種 特有亞種 保育類 外來種

金門未命名之壁虎

Gekko sp.

＊俗別名：壁虎
＊體型大小：全長10-15公分最大15公分
＊食性：以昆蟲為食
＊稀有評估：局部

什麼！！聽說金門有不一樣的壁虎？知道消息後，好奇的我們當然是忍不住想去看看，剛好向高世老師也要去金門紀錄草蜥，於是就計劃了三天兩夜的觀察行程，訂好機票後，一行人就出發前往金門去了。到金門後便馬上前往金湖鎮尋找不久後就在湖邊周圍發現蹤跡，這種壁虎的數量很多，並不難發現。據了解，這種壁虎與鉛山壁虎的不同之處是趾間有蹼，因此趾間的蹼是拍攝紀錄的重點，不過並不容易拍攝到趾爪全部張開的畫面，要拍好還真的需要運氣。此外，在擋土牆之排水孔內發現此種壁虎的卵，理論上一次應可產下兩顆卵，但卻未發現兩顆卵相連同一位置的，這趟行程也僅記錄5次卵，值得持續再觀察。

4₃

卵產於擋土牆之排水管內

幼體

雄蜥

雌蜥

吻鱗與鼻孔相連

背部疣鱗大小一致

雄體有明顯肛後突

趾端皮瓣為單行，趾間有蹼

特有種 特有亞種 保育類 外來種

馬祖未命名之壁虎

Gekko sp.

＊俗別名：善蟲
＊體型大小：全長8-12公分最大13公分
＊食性：以昆蟲為食
＊稀有評估：局部

45

在馬祖吃完晚餐後，我們回到民宿整理裝備，準備要外出巡田水用的相機、手電筒，在一踏出民宿的大門，轉頭往大門旁的牆壁上一看，有不少的壁虎在等著吃大餐，其中有幾隻的外觀好像是鉛山壁虎，趕緊換了長鏡頭後拍了幾張照片放大仔細檢視，這壁虎背上的體鱗大小一致，跟鉛山壁虎不同，才發現原來這不是鉛山壁虎，是馬祖島上未命名的壁虎，看來晚上的運氣應該會不錯喔！之後我們出發往目標地去，在路旁廢棄的水塔牆上也發現了幾隻壁虎，更令人開心的是，還發現了牠們所產下的卵，卵產在較裸露的地方，有共用產卵地點的習性，數量相當嚇人。

卵產在較裸露的地方，有共用產卵地點的習性

在馬祖地區相當常見

尾巴斷過再生的個體

外型與鉛山壁虎相似

吻鱗與鼻孔相連

背部疣大小一致，鉛山壁虎則有夾帶大型疣

雄性個體有明顯肛後突

趾端皮瓣為單行

無疣蝎虎

Hemidactylus bowringii Stejneger, 1907

※ 俗別名：蝎虎、善蟲
※ 體型大小：全長 8-12 公分
※ 食性：以昆蟲為食
※ 稀有評估：常見

雖 然無疣蝎虎全島都有，但還是以北部地區比較容易看到，喜愛在住家附近的人工環境活動，跟疣尾相比，本種外觀多了那麼一種細緻感。在南部地區，無疣沒有疣尾那麼好遇到，畢竟牠本來就以北部居多。因次，每次在北部遇到時，一定會多拍幾張照片，有次我們在一家小吃店吃飯，還邊吃邊拍無疣蝎虎，店家老闆看到我們拍的那麼認真，還問我們為什麼要拍，沒想到此時大家默契超好，異口同聲的說這是北部名產啊！老闆感到莫名其妙的摸著頭走回櫃台，他應該覺得這群人都是瘋子吧！

47

一次產2顆卵，卵殼不相連

無疣蝎虎幼體

體色變淡的個體

身體花紋融入背景

正在清潔吻端

尾巴無刺狀鱗

背部疣一致

皮瓣雙行

特有種　特有亞種　保育類　外來種

密疣蝎虎

Hemidactylus brookii Gray, 1845

＊俗別名：密疣蜥虎
＊體型大小：全長8-15公分
＊食性：以昆蟲為食
＊稀有評估：局部常見
　外來種

密疣蝎虎是2018年發現的外來入侵種，目前發現在高雄愛河及台中港周遭，外型與疣尾蝎虎相似，都有著如狼牙棒的尾巴，但卻跟住家附近就容易觀察到的疣尾蝎虎習性大不同，本種喜歡於低光源的環境中活動，捕捉時偶爾會挺胸舉尾，有些個體雖然捕捉容易，但要全部移除可能就有困難度了，因為通常一遇到干擾會馬上躲藏起來，常是看得到卻抓不到，多次前往高雄愛河一帶記錄，觀察範圍拉長至原記錄位置5公里內，都還是可以發現到密疣蝎虎的蹤跡，因此，可想而知密疣蝎虎在愛河應該已經有一段很長的時間了。

4₉

幼蜥

外型與疣尾蝎虎相似

喜歡在較低光源的環境中活動

斷尾後再生的個體

背部有大型疣

尾巴有刺狀鱗

皮瓣雙行

雌蜥及剛產下的卵

疣尾蝎虎

Hemidactylus frenatus Schlegel, 1836

* 俗別名：蝎虎、善蟲
* 體型大小：全長8-12公分最大13公分
* 食性：以昆蟲為食
* 稀有評估：常見

疣尾蝎虎應該是台灣最家喻戶曉的蜥蜴了，不論住家、公園或是路燈下都有機會看的到，牠很貼近我們的生活，也是最好觀察的蜥蜴。雖然如此，第一次認真的記錄，不是在自己的住家附近，而是有次大家要一起去高雄山區觀察，當時還在山下準備買東西補給，小勛一下車就拿起相機拍照，靠過去一看原來是疣尾在交配，也趕緊拿著相機一起拍。本種比較容易跟無疣蝎虎搞混，差別在於無疣背部的鱗片比較細緻且尾巴沒有刺狀鱗片，疣尾背部有大型疣，尾巴也有刺狀鱗片，因此，尾巴有像狼牙棒的刺狀鱗就是疣尾蝎虎了。

5
1

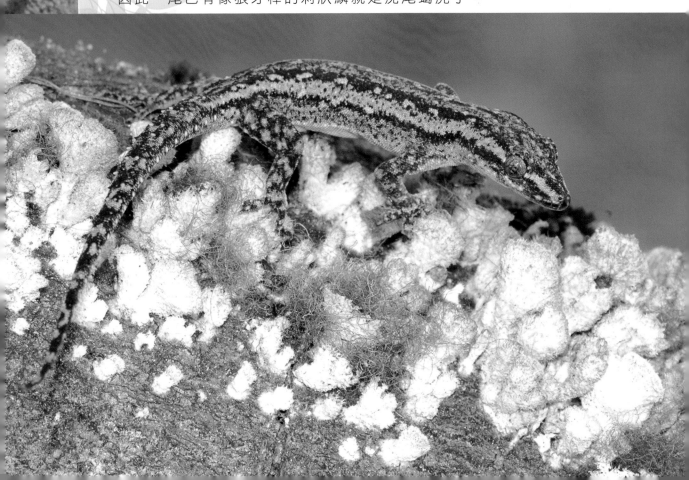

朽木內的卵及成體

剛破卵的疣尾蝎虎

常見於中、南部地區

在野外其體色常融入背景

捕食鱗翅目昆蟲的幼蟲

尾巴有刺狀鱗像狼牙棒一樣

背部有大型疣

皮瓣雙行

史丹吉氏蝎虎

Hemidactylus stejnegeri Ota and Hikida, 1989

＊俗別名：鋸尾蝎虎
＊體型大小：全長8-12公分
＊食性：以昆蟲為食
＊稀有評估：不常見

在某個星期六夜晚，難得大家有空一起上山拍照，在南投山區記錄完豎琴蛙後，接下來就是尋找史丹吉氏蝎虎了，牠是一種分布比較零星、不算常見的壁虎，找了一些時間後我們才陸續發現，在記錄時史丹吉氏蝎虎還會裝死，真的很有趣，這會不會是遇敵策略阿！史丹吉氏蝎虎又叫鋸尾蝎虎，顧名思義就是扁平的尾巴兩邊有著像鋸子般的鋸齒狀，因此才有這個別名。本種也是一種孤雌生殖的壁虎，但比較特別的是在懷孕時，頸部兩側的腺體會明顯腫大，因為也會跟疣尾蝎虎混在一起，分布海拔上也比其他壁虎再高一點，大概在1400公尺還有看過，但主要還是低海拔為主。

孤雌生殖，每次產下2顆卵

史丹吉氏蝎虎幼體

也稱作鋸尾蝎虎

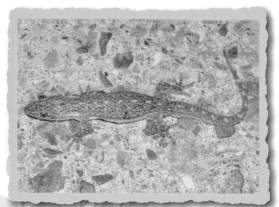

體色較深的個體

正在清潔眼睛

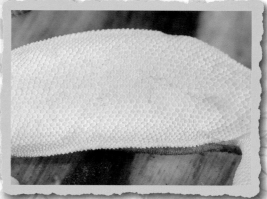

腹部為橘黃色

尾巴扁平且兩邊呈現鋸齒狀

皮瓣雙行

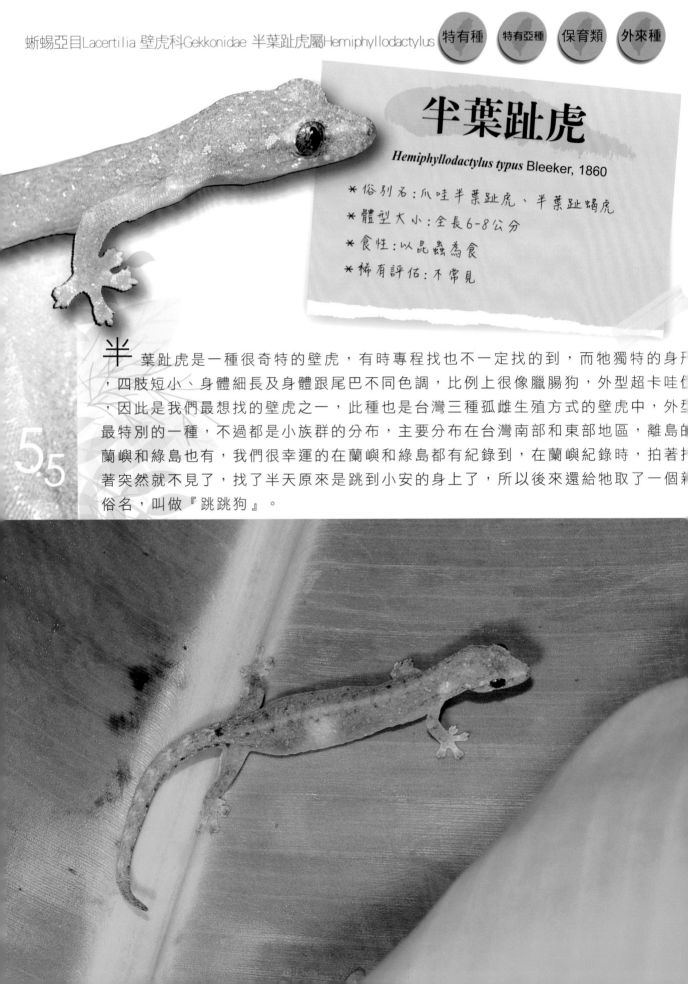

特有種　特有亞種　保育類　外來種

半葉趾虎

Hemiphyllodactylus typus Bleeker, 1860

＊俗別名：爪哇半葉趾虎、半葉趾蝎虎

＊體型大小：全長6-8公分

＊食性：以昆蟲為食

＊稀有評估：不常見

5₅

半　葉趾虎是一種很奇特的壁虎，有時專程找也不一定找的到，而牠獨特的身形，四肢短小、身體細長及身體跟尾巴不同色調，比例上很像臘腸狗，外型超卡哇伊，因此是我們最想找的壁虎之一，此種也是台灣三種孤雌生殖方式的壁虎中，外型最特別的一種，不過都是小族群的分布，主要分布在台灣南部和東部地區，離島的蘭嶼和綠島也有，我們很幸運的在蘭嶼和綠島都有紀錄到，在蘭嶼紀錄時，拍著拍著突然就不見了，找了半天原來是跳到小安的身上了，所以後來還給牠取了一個新俗名，叫做『跳跳狗』。

半葉趾虎幼體

尾巴呈橘黃色的幼體

體色融入環境的個體

大腹便便的個體

斷尾再生的個體

尾巴上有白色斑紋

前肢及後肢之第1趾皆萎縮，此為後肢

皮瓣雙行，第1趾明顯萎縮

特有種　特有亞種　保育類　外來種

鱗趾虎

Lepidodactylus lugubris Duméril and Bibron, 1836

＊俗別名：哀鱗趾虎、鱗趾蝎虎
＊體型大小：全長6-8公分
＊食性：以昆蟲為食
＊稀有評估：不常見

某一次跨年，志明在揪要去墾丁兩天觀察，因為夜晚天氣很冷所以連棉被都帶上車，以為這次會看不到什麼動物，結果卻意外發現其實動物還不少。我們選了一條馬路邊的水溝觀察，這條水溝裡面發現了很多鐵線蛇的屍體，水溝周圍的水泥牆上有很多的鉛山壁虎和疣尾蝎虎在活動，由於附近有很多灌叢和林投，我們就想說找看看有沒有半葉趾虎和鱗趾虎，雖然只有發現鱗趾虎，但還是賺到了，本種也是孤雌生殖的壁虎之一。在拍攝過程中，牠們常會跳來跳去，因此我們戲稱牠為壁虎界的『跳跳虎』。

57

鱗趾虎會將卵產在陽光可短暫照到之處

孤雌生殖，每次產下2顆相連的卵

體色深褐色的幼體

成體背部有明顯深色斑點

吻鱗與鼻孔相連

背部疣大小一致

背部下方兩腿間有2個明顯的深色斑

腹部橘黃，皮瓣雙行

特有種　特有亞種　保育類　外來種

雅美鱗趾虎

Lepidodactylus yami Ota, 1987

＊俗別名：雅美鱗趾蝎虎
＊體型大小：全長6~8公分
＊食性：以昆蟲為食
＊稀有評估：稀有

　　　　台灣特有種 保育類二級

雅美鱗趾虎是我們去蘭嶼最想見到的種類，因為牠是只有蘭嶼才有的特有種，記得第一次看到雅美鱗趾虎時，還以為只是一般的鱗趾虎，不過差別在於雅美鱗趾虎的鼻孔和吻鱗不相連，對於看不夠多的我們真的有點困難，所以每次找到後就會開始討論這是雅美還是鱗趾，而且還需要把照片放大好幾倍才能確定！不過如果拍攝的角度不對，就無法看到鼻孔和吻鱗是否相連的特徵，可能就只能用氣質分類法了。雅美鱗趾虎是一種體型較小的壁虎，體長一般只有8公分長，在蘭嶼也是不容易見的的物種。

體色較深的個體

體色較淺的成體

喜歡棲息在林投上

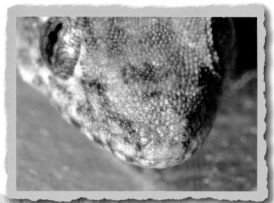

吻鱗與鼻孔不相連

背部有明顯深色斑

斷尾再生之尾巴

除第一趾較小外，其餘趾皆膨大

皮瓣雙行

蜥蜴亞目Lacertilia 正蜥科Lacertidae 草蜥屬Takydromus

 特有種 特有亞種 保育類 外來種

台灣草蜥

Takydromus formosanus Boulenger, 1894

＊俗別名：蛇舅母、舅母蛇
＊體型大小：全長12-19公分
＊食性：以昆蟲和蚯蚓等無脊椎動物為食
＊稀有評估：常見
　台灣特有種

由於老家是在南投山區，院子裡常可見到台灣草蜥活動，因此從小就對台灣草蜥不陌生，但卻很少仔細的記錄牠。有次跟喜歡記錄生態的朋友一起去南投的蓮華池夜觀，友人小勛在水生植物體上發現了牠的蹤跡，當時很多朋友都拍了很多照片，而我卻只拍了一張，因此台灣草蜥的照片可以說是相當少，直到2007年跟友人Hoher一起去夜觀遇到了台灣草蜥開始，我才認真的幫牠們拍照。現在只要在野外有機會遇到，一定會多拍幾張，因為環境如果被破壞，有些常見的蜥蜴，將來也許會變得不容易看到了。

幼蜥尾巴為橘紅色

有很好的攀爬能力，喜歡在植物體上活動

正在植物上休息的成蜥

正在清潔吻端

體側有明顯淺綠色斑點的成蜥

背鱗具強鱗脊線

具有3對頦下鱗片

2對鼠蹊孔

蜥蜴亞目Lacertilia 正蜥科Lacertidae 草蜥屬Takydromus

雪山草蜥

Takydromus hsuehshanensis Lin and Cheng, 1981

＊體型大小：全長15-20公分
＊食性：以昆蟲和蚯蚓等無脊椎動物為食
＊稀有評估：常見

台灣特有種

某 次跟小黑阿伯路過合歡山時，看到了路旁的碎石坡上開滿了許多美麗的玉山佛甲草，阿伯經不起這些小花的誘惑，便臨時決定停下車來好好觀察記錄一下，結果一拍就是好幾個小時。當我們蹲在碎石坡上用相機在記錄時，偶爾會聽到小石頭滑落的聲音，循著聲音的方向看去，原來是雪山草蜥在山坡上奔跑造成的，趕緊換上長鏡頭來拍攝這草蜥中的大個子。雪山草蜥有明顯的雌雄二型性，雄蜥體側有明顯綠色或黃綠色點狀斑點，雌蜥的體色就比較單調了。在觀察一段時間後，便帶著裝滿的記憶卡前往下個旅程！

63

雌蜥

斷尾再生的個體

正在曬太陽個體

雌蜥體色較為樸素、單調

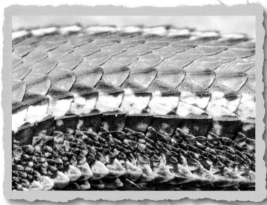

背部鱗脊明顯

雄蜥體側有明顯綠色或黃綠色點狀斑

頦下鱗片3對

2對鼠蹊孔

特有種　特有亞種　保育類　外來種

古納氏草蜥

Takydromus kuehnei Van Denburgh, 1909

＊俗別名：古氏草蜥、台灣地蜥
＊體型大小：全長15-21公分
＊食性：以昆蟲和蚯蚓等無脊椎動物為食
＊稀有評估：常見

古納氏草蜥的數量雖然不算少，主要在低海拔的淺山活動，但因為我們大多都跑中、高海拔山區的關係，反倒是不常看到。有一年跟朋友去找爺蟬，過程中無意間發現了附近很多古納氏草蜥在舒服的曬著太陽，算是意外的收穫。而後幾乎都是巧遇居多，目前個人記錄較多數量的區域是在嘉義的中埔、雲林的樣仔坑以及台中的大坑。古納氏草蜥比起台灣草蜥、蓬萊草蜥及鹿野草蜥還要容易區分，其外型特徵為臉部比較尖，且下頜有4對頦片，這是其他三種草蜥所沒有的特徵，此外鼠蹊孔是3對以上。

幼蜥尾巴常帶橘紅色調

常在植物上活動

雄蜥體側具明顯淺褐色斑點

雄蜥背部鱗片鱗脊上有明顯黑色斑

繁殖季時雄蜥體側淺褐色斑點會更明顯

大腹便便的雌蜥

頷下鱗片4對

有3至5對鼠蹊孔

蜥蜴亞目Lacertilia 正蜥科Lacertidae 草蜥屬Takydromus

特有種 特有亞種 保育類 外來種

鹿野草蜥

Takydromus luyeanus Lue and Lin, 2008

＊俗別名：蛇舅母、舅母蛇
＊體型大小：全長16-24公分
＊食性：以昆蟲和蚯蚓等無脊椎動物為食
＊稀有評估：常見
　台灣特有種

　鹿野草蜥是2008年發表的新物種，模式標本的產地是在台東的鹿野鄉，是以產地為名的物種，只分布於花東地區及綠島，當年為了記錄牠還多次去了台東及花蓮，不過記錄卻不多，因為尋找的位置完全錯誤，原來鹿野主要是分布於較低海拔的草生環境，還好當年有葉大哥葉國政先生的幫忙，才順利的觀察到鹿野草蜥，要尋找鹿野草蜥並不需要跑到山上去，而是一般住家旁的草生地環境就有機會，觀察的時間當然是以夜間為主，晚上是鹿野草蜥的睡覺時間，記錄觀察上會比白天容易多了。

幼蜥尾巴常帶橘紅色調

除台東及花蓮外，綠島也有分布

喜歡在草生環境活動

舌頭前端分岔

大腿後方有黑色斑紋

雄蜥體側有不明顯的黃色斑點

具有3對頦下鱗片

2對鼠蹊孔

特有種　特有亞種　保育類　外來種

梭德氏草蜥

Takydromus sauteri Van Denburgh, 1909

＊俗別名：南台草蜥、梭德氏蛇舅母、蛇舅母、舅母蛇
＊體型大小：全長18-28公分
＊食性：以昆蟲和蚯蚓等無脊椎動物為食
＊稀有評估：不常見

台灣特有種　保育類三級

梭 德氏草蜥是一種很漂亮的草蜥，有明顯的雌雄二型性，雌蜥全身綠色，雄蜥身體綠色還會配上或多或少的咖啡色，因此身體帶有咖啡色的就是雄蜥，但個體差異的關係，會有帶很少咖啡色的個體（戲稱比較娘的個體）和帶較多咖啡色的個體（戲稱比較Man的個體），主要分布在南部、東部及離島的蘭嶼。在南部很常在相思樹上看到睡覺的牠們，睡相也千奇百怪，10幾年前第一次看到這種蜥蜴就深深的被吸引，怎麼會有綠到那麼美的草蜥，一直到現在，每次看到還是會忍不住的讚嘆！

69

喜愛在植物間穿梭、活動

體色褐色較多之雄蜥

體色褐色較少之雄蜥

體色綠色之雌蜥

在相思樹上休息的雄蜥

一對梭德氏草蜥，體色褐色為雄蜥

頷下鱗片4對

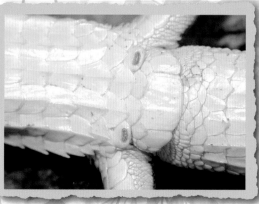

1對鼠蹊孔

特有種　特有亞種　保育類　外來種

北草蜥

Takydromus septentrionalis Günther, 1864

＊俗別名：蛇舅母、舅母蛇

＊體型大小：全長20-31公分

＊食性：以昆蟲和蚯蚓等無脊椎動物為食

＊稀有評估：局部

71

在 拍完馬祖的未命名壁虎後，便和小黑阿伯騎著摩托車在郊區的道路亂晃，尋找下一個目標『北草蜥』，沒過一會兒，小黑阿伯卻說尿急，只好趕快找個比較隱蔽的草叢，停好車後讓小黑阿伯去解放，完畢後，看到小黑阿伯笑嘻嘻地走了出來，邊走邊說他發現了一個小秘密，就帶我們一起去剛剛的草叢，看到阿伯燈照的地方，有隻體型很大的草蜥靜靜的在睡覺，小心的靠近觀察，果然跟學長說的一樣，北草蜥跟蓬萊草蜥北草蜥長的很相似，而且一樣只有1對鼠蹊孔，不過北草蜥的體型真的是很粗勇，一看到體型就很容易分辨了。

幼蜥尾巴為橘紅色

幼蜥身上常有黑色斑點

斷尾過的雌蜥，體側無黑色斑

雄蜥背部深褐色，體側具黑色斑

產於金門個體

雄蜥背部鱗片特寫

具有3對頦下鱗片

1對鼠蹊孔

蓬萊草蜥

Takydromus stejnegeri Van Denburgh, 1912

＊俗別名：史丹吉氏草蜥、蛇舅母、舅母蛇
＊體型大小：全長16-24公分
＊食性：以昆蟲和蚯蚓等無脊椎動物為食
＊稀有評估：常見

台灣特有種

73

由於公司離大肚溪很近，溪旁的草叢有穩定的蓬萊草蜥族群，每當下班時我總是會到溪旁的草叢報到，拿著相機仔細的觀察記錄。每年的4月到12月都容易遇見，可以說是西部常見的草蜥，雖然與台灣草蜥、鹿野草蜥、翠斑草蜥相似，但蓬萊草蜥只有一對鼠蹊孔。記得有一年，公司有個同事叫木瓜，告訴我說他家附近的空地，有很多體色鮮綠色的蜥蜴，叫我一定要找時間去看看，那時剛好是4月份，心想會不會是蓬萊草蜥？果然被我猜中，在繁殖季節的蓬萊草蜥體色真的是超級鮮豔，相當的漂亮。

剛破卵的幼蜥

幼蜥尾巴為橘紅色

正在植物上睡覺的成蜥

大腹便便的雌蜥

繁殖季時雄蜥體色會更鮮艷

正在產卵的雌蜥

具有3對頦下鱗片

1對鼠蹊孔

翠斑草蜥

Takydromus viridipunctatus Lue and Lin, 2008

＊俗別名：蛇舅母、舅母蛇

＊體型大小：全長16-24公分

＊食性：以昆蟲和蚯蚓等無脊椎動物為食

＊稀有評估：常見

台灣特有種

什麼！又有發現的新物種？是從台灣草蜥中分出來的新種，那之前北部地區記錄到的草蜥不就是新種的翠斑草蜥了？心理一直這麼認為，後來確認果然是沒錯！為了補足記錄，當然還是要往北部跑了，在龍哥及阿傑的幫忙下，當天記錄不少個體，不過當年記錄的都是斷趾的個體，於是等了約一年後，再前往記錄，連覓食過程都拍到了，真開心啊！風雲子阿伯更厲害了，還記錄到某種鳥類捕食翠斑草蜥的畫面，這種機會真是可遇不可求！時間也過的真快，離上一次記錄翠斑草蜥的時間也已經有5年了，也許該找個時間再去看看了。

7₅

幼蜥尾巴常帶橘紅色調

喜歡在植物間活動

斷尾再生的個體

一對翠斑草蜥，體色較鮮豔者為雄蜥

繁殖期間，雄蜥體側有明顯淺綠色斑點

尾巴有再生的能力

頷下鱗片3對

2對鼠蹊孔

中國光蜥

Ateuchosaurus chinensis Gray, 1845

* 俗別名：光蜥
* 體型大小：全長12-18公分
* 食性：以昆蟲和蚯蚓等無脊椎動物為食
* 稀有評估：局部

　　某日小黑阿伯半夜打電話叫人起床尿尿的夜晚，聊著聊著突然來了一句「要不要去馬祖拍爬蟲類」？原以為阿伯是在開玩笑，想不到過幾天說機票已經訂好了，在來不及準備什麼的情況下，就被阿伯騙去坐飛機了！一到馬祖，馬上就到處亂晃，沒多久便在水溝內的落葉堆中，看到此行的目標之一「中國光蜥」！體型不大約只有12公分左右，發現時還不時在落葉堆中鑽啊鑽，真是有趣。此種蜥蜴僅分布在離島的馬祖，台灣是看不到的，喜好在林子底層活動，體色深且體側有許多白色斑點，幼蜥的顏色較艷麗，看過後真是令人印象深刻！

幼蜥尾巴顏色較深

幼蜥身上有細小的白色斑點

斷尾的個體

在落葉堆中活動的成蜥

喜歡在樹蔭下及落葉堆等環境活動

正在曬太陽的成蜥

四肢短小，前肢較後肢短

身上有白色及黑色斑點，鱗片上有3個
不明顯的鱗脊

特有種　特有亞種　保育類　外來種

岩岸島蜥

Emoia atrocostata Lesson, 1830

* 俗別名：岩岸島蜥指名亞種
* 體型大小：全長16-22公分最大25公分
* 食性：以魚類和蝦蟹等水棲節肢動物和昆蟲為食
* 稀有評估：不常見

蘭 嶼的海岸大多都是礁岩地形，這種環境是沿岸島蜥喜愛活動的區域，在蘭嶼的某個早上都在礁岩區尋找這種蜥蜴的蹤跡，發現的數量還不少，但很機警，稍有動靜就會往岩縫中鑽，為了記錄牠們，蹲在岩石上待了一個早上，不小心就被曬傷了，而小黑阿伯用手機拍到沿岸島蜥在吃螃蟹的大景，後來才知道原來阿伯是趴在那邊半個小時都不動才辦到的，阿伯還唬爛說要先跟牠做朋友，才有機會拍到，我想只要動作不大，慢慢的接近並且耐心的等待，原先往岩縫中鑽的沿岸島蜥還是會慢慢出來的。

7 9

喜愛在礁岩環境活動

沿岸島蜥較怕生，並不容易接近

體色為黑色

正在曬太陽的岩岸島蜥

體側有一寬黑色帶

會補食螃蟹

眼窗透明，閉眼後仍可看見

體側及體背有許多金黃色斑點

特有種　特有亞種　保育類　外來種

庫氏真稜蜥

Eutropis cumingi (Brown and Alcala, 1980)

＊俗別名：庫氏南蜥、庫明氏真稜蜥
＊體型大小：全長8-16公分
＊食性：以昆蟲和蚯蚓等無脊椎動物為食
＊稀有評估：稀有

四天的蘭嶼行，深深地覺得庫氏真稜蜥是蘭嶼目標的四種蜥蜴裡面最難拍攝的種類，因為此種蜥蜴生性膽小，非常不容易接近，常常只要一個動作，就看到他們迅速的在沙灘上的漂流木或植物間飛奔穿梭，因此要拍到完整的全身照實在是有相當的難度。庫氏真稜蜥是台灣產的真稜蜥中，體型最小也是最漂亮的種類，跟多稜一樣也是只有蘭嶼才看的到，花了許多時間與力氣，終於收服了最後的庫氏真稜蜥，也為我們四天的蘭嶼行劃下完美的句點，拍不好的照片只能留點遺憾下次再來了。

81

體色以褐色為主

在台灣真稜蜥屬中體型最小的

斷尾再生的個體

喜歡於沿岸的礁岩帶間活動

怕生不容易接近，記錄時以長鏡頭為佳

體側的2條白線為主要特徵

背部鱗片有明顯鱗脊，鱗脊線5條以上

後腿具有白色斑

特有種 特有亞種 保育類 外來種

長尾眞稜蜥

Eutropis longicaudata (Hallowell, 1856)

＊ 俗別名：長尾南蜥
＊ 體型大小：全長30-36公分最大42公分
＊ 食性：以昆蟲和蚯蚓等無脊椎動物為食
＊ 稀有評估：常見

　　長尾真稜蜥是一種常見於南部、東南部、離島的蘭嶼、綠島及小琉球地區的大型石龍子，而現在中部的南投、台中也可以看到其蹤跡，但並不常見。長尾常利用山坡上的涵管，目前南部有一種外來種『多線真稜蜥』，也會利用涵管的環境，跟長尾真稜蜥或多或少有生存上的競爭，以前很常看到長尾真稜蜥的區域，現在反而是多線真稜蜥比較多了。繁殖季時雌雄會短暫待在同一個涵管內，也會在裡面產卵，而根據前人的研究，在蘭嶼的長尾真稜蜥有類似護卵的行為，不過並非所有個體都一樣，值得再探討。

83

產在涵管內的卵

剛破卵的幼蜥

在道路旁活動的幼蜥

山區的樹林底層等環境容易發現

南部地區常見，常活動於住家及附近環境

在涵管內休息的成蜥

涵管內的1對長尾真稜蜥

背部鱗片有2道不明顯的鱗脊

多稜眞稜蜥

Eutropis multicarinata borealis (Brown and Alcala, 1980)

* 俗別名：多稜南蜥、多稜真稜蜥北方亞種
* 體型大小：全長15-23公分
* 食性：以昆蟲和蚯蚓等無脊椎動物為食
* 稀有評估：不常見

對　喜愛生態的人來說，蘭嶼是一個野外探險的天堂，去之前對於蘭嶼有很多的嚮往，直到有一年的夏天，小黑相約去蘭嶼看蜥蜴，才開始了蘭嶼探險的初體驗。一踏上這座島後，我們第一個觀察點是一個不起眼的森林，在那邊看到很多蘭嶼特有的昆蟲、數量很多的斯文豪氏攀蜥及股鱗蜓蜥，也尋找著這次的目標物種之一的『多稜真稜蜥』。因為多稜真稜蜥的體型比長尾真稜蜥短小許多，在第一次看到多稜真稜蜥時會覺得好像是縮小又曬黑的長尾真稜蜥，而目前只有蘭嶼才看的到，是來蘭嶼必看的四種蜥蜴之一。

85

一般可產下2顆至3顆卵

幼蜥與長尾真稜蜥相似，但體型短小許多

正在曬太陽的成蜥

成蜥也與長尾真稜蜥相似，除體型外，
其鱗片特徵不同也是辨別方式

具黑色過眼線

後腿具有黑色斑

背部鱗片有明顯鱗脊，鱗脊線5條以上

正在產卵的雌蜥

多線真稜蜥

Eutropis multifasciata (Kuhl, 1820)

* 俗別名：多線南蜥、多紋南蜥
* 體型大小：全長20-28公分
* 食性：以昆蟲和蚯蚓等無脊椎動物為食
* 稀有評估：常見 外來種

多　線真稜蜥是一種外來種的蜥蜴，原本只有南部地區才有，現在已經擴散到雲林、台中地區，更糟糕的是連離島的綠島也淪陷了，在綠島某些區域現在最容易遇見的蜥蜴竟然是多線真稜蜥，雖然已經有研究人員在做移除的工作，但要完全移除的難度實在是太高了。本種是除了原生的印度蜓蜥以外，唯二的胎生種類，也是少數有雌雄二型性的石龍子，雄蜥體側通常只有黃色或橘色斑，雌蜥則是有點狀的白斑，但似乎這也不是絕對的辨別方法，因曾經也有拍過大腹便便、體側有黃色斑的此蜥。

87

初生幼蜥體色較淺

幼蜥體側有白色斑點

常見於南部地區的住家及附近環境

體色花紋不明顯的雄蜥

斷尾的雌蜥

體色有白色斑的雌蜥

雄蜥與雌蜥，前者為雄蜥

背部鱗片上有3道不明顯的鱗脊

特有種　特有亞種　保育類　外來種

麗紋石龍子

Plestiodon elegans (Boulenger, 1887)

＊ 俗別名：藍尾石龍子
＊ 體型大小：全長15-23公分
＊ 食性：以昆蟲和蚯蚓等無脊椎動物為食
＊ 稀有評估：常見

麗 紋石龍子相信是大家較容易遇見的一種石龍子，幼蜥小時候很漂亮，有著鮮艷的藍色尾巴，見過的人常會印象深刻，不過麗紋石龍子只有在小時後才會有著鮮艷的藍尾巴，全身黑色且背上有五條金色線條，隨著成長體側會慢慢轉成磚紅色斑點，藍色尾巴和金色線條也會退去，因此會變的比較樸素，體色會轉成褐色及灰褐色。此種石龍子可以說是台灣海拔分布最廣的蜥蜴，從平地到高山都有牠們的蹤跡。有次在中橫尋找菊池氏龜殼花時，結果什麼花都沒找到，就只有一直遇到牠，還發現疑似有護卵的行為，也算是安慰獎了。

89

每次可產下4至8顆卵

幼蜥體色鮮豔，背部有5條明顯的金色縱紋

尾巴藍色為幼蜥的主要特徵

亞成蜥，體色開始有明顯的變化

成蜥體色會變成褐色或灰褐色

成蜥體側有明顯的紅色斑

麗紋石龍子撿拾昆蟲的屍體

受到驚擾會鑽入土中躲避

特有種　特有亞種　保育類　外來種

中國石龍子

Plestiodon chinensis (Gray, 1838)

＊俗別名：肥豬仔蛇、四腳蛇
＊體型大小：全長20-36公分
＊食性：以昆蟲和蚯蚓等無脊椎動物為食
＊稀有評估：少見

以前一直聽到朋友說台灣西部是中國石龍子的大本營，且不算是少見的種類，不過說也奇怪，我們卻只有零星的發現，再怎樣努力找也看過幾次而已，實在是沒有頭緒。某天，突然新血來潮，走到公司附近的鐵路旁翻翻石頭及落葉，結果意外發現幾隻在石頭下休息的個體，原來我們之間的距離這麼近啊。不過找久了也是滿累人的，而且就算翻到了也要有拍不到的準備，因為一翻開石頭的瞬間，中國石龍子會先愣住個幾秒，之後就是腳底抹油的迅速溜走啦！

91

幼蜥體色偏黑，體側有明顯金黃色斑點，尾巴為藍色

幼蜥背部縱線會隨著成長而消失

亞成個體的體色開始變淺

斷尾的成蜥

尾巴完整之成蜥

正在曬太陽的成蜥

捕食昆蟲

成蜥體背鱗片有弱鱗脊，鱗緣顏色較深

特有種　特有亞種　保育類　外來種

白斑石龍子

Plestiodon leucostictus (Hikida, 1988)

＊俗別名：白斑中國石龍子

＊體型大小：全長18-28公分

＊食性：以昆蟲和蚯蚓等無脊椎動物為食

＊稀有評估：不常見

　　特有種

三 天的連假，小黑阿伯想揪大家一起到綠島逛逛，順便找找白斑石龍子，不過一開始小安還覺得距離太遠了，而且又不一定可以遇得到，所以猶豫不決，不過最後還是被阿伯拉去了。來到綠島後，我們馬上到過山古道尋找，一段時間過後，聽到草叢旁有窸窸窣窣的聲音，大家腳步就停下來，白斑石龍子就突然的從我們眼前滑過去，運氣還算不錯，沒有摃龜！以往認為只分布在綠島，但近年來研究人員發現在花東縱谷的個體也是白斑石龍子，此外有人在宜蘭蘇澳記錄到，是目前分布最北的紀錄。

93

剛破卵的幼蜥

幼蜥有鮮豔的藍色尾巴

未斷尾過的雄蜥，體長較長，此為綠島個體

曾斷尾過的雄蜥，體長較短，此為花蓮個體

主要分布於台灣東部，雄蜥體側有明顯紅色斑

在綠島常見，但較膽小不容易靠近拍攝

正在捕食蟑螂

雌蜥每次產下4至12顆卵，且有護卵的行為

特有種　特有亞種　保育類　外來種

台灣滑蜥

Scincella formosensis Van Denburgh, 1912

＊ 俗別名 : 肥豬仔
＊ 體型大小 : 全長6-10公分
＊ 食性 : 以昆蟲和蚯蚓等無脊椎動物為食
＊ 稀有評估 : 不常見

　　　　台灣特有種

台　灣滑蜥是一種喜愛在落葉堆間活動的小型蜥蜴，是目前台灣產最小的石龍子，主要分布在低海拔山區。因為體型小且常在落葉間穿梭，不易看清楚而常被誤認為印度蜓蜥，不過在某中海拔山區存在一種介於滑蜥和蜓蜥間的蜥蜴，有可能會是新的物種，還等待學者日後的發表。台灣滑蜥雖然在西半部都有分布，但卻不容易遇到，較常看到的是在曬太陽或從落葉堆中被驚嚇出來的個體。有次與友人Hoher在大坑發現台灣滑蜥正在吃小蟑螂，當時拍了不少照片，真的是賺到了。

將卵產在落葉堆間

剛破卵的幼蜥

在落葉堆中活動的小蜥

體色較淡的個體

斷尾再生的個體

體色較深的個體

南部山區外型特徵有所差異之族群

在落葉堆間活動的成蜥及卵

特有種　特有亞種　保育類　外來種

股鱗蜓蜥

Sphenomorphus incognitus Thompson, 1912

＊俗別名：鮑氏蜓蜥
＊體型大小：全長15-22公分
＊食性：以昆蟲和蚯蚓等無脊椎動物為食
＊稀有評估：常見

2004 年在墾丁地區記錄了不少股鱗蜓蜥，當時隨便走走都可以見到，但近年來卻發現數量變少了很多，不像之前那麼容易看到。尋找時可選擇太陽剛出來的時段，在路旁小水溝可看見曬太陽的個體，記錄時以長鏡頭為佳。股鱗蜓蜥主要分布在南部、東南部、離島的蘭嶼及綠島地區，很容易和印度蜓蜥搞混，主要差別在於股鱗蜓蜥股部具有不規則大型鱗片，印度則無，股鱗的體側顏色比較偏黑白色調，印度則偏黃色調。海拔部份，印度分布最高可到海拔1500公尺左右，股鱗則在海拔500公尺以下區域。

97

幼蜥尾巴為鮮豔的橘紅色

分布於南部、東南部地區

外型與印度蜓蜥相似

只看外表不容易區分兩者

臉及體側有明顯黑色縱帶

背部鱗片光滑且有黑色斑點

體側黑色縱帶上有白色斑點

股部具有不規則大型鱗片，而印度則無

特有種 特有亞種 保育類 外來種

印度蜓蜥

Sphenomorphus indicus Gray, 1853

✳ 俗別名：銅蜓蜥、肥豬仔
✳ 體型大小：全長16-22公分最大24公分
✳ 食性：以昆蟲和蚯蚓等無脊椎動物為食
✳ 稀有評估：常見

印　度蜓蜥應該算是台灣最容易觀察的石龍子科成員，在小時後常聽到長輩說這種蜥蜴叫肥豬仔，所以對牠並不陌生。這種蜥蜴普遍分布於台灣全島、馬祖及龜山島，但每個地區的個體都有明顯的差異，有的體色較深，有的體色較淺，因此只要有機會遇到，一定會馬上拿起相機做記錄，如馬祖的個體體側斑紋與本島不一樣，馬祖的體側點狀斑明顯比較多。印度蜓蜥是台灣原生蜥蜴中唯一生殖方式是胎生的種類，每年大概4-5月過後在山區都很容易觀察到大腹便便的雌蜥，一次可產下4至10隻幼蜥，幼蜥尾巴帶有紅色調，相當漂亮。

99

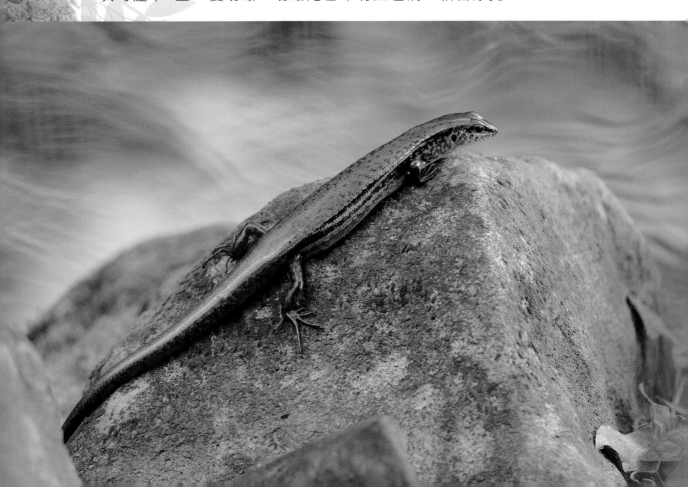

幼蜥的尾巴為橘紅色

雌蜥與幼蜥

常見之個體

大腹便便的雌蜥

花紋不明顯之個體

花紋明顯之個體

離島馬祖之個體

股部鱗片大小一致

特有種　特有亞種　保育類　外來種

台灣蜓蜥

Sphenomorphus taiwanensis Chen and Lue, 1987

＊俗別名：

＊體型大小：全長12-18公分

＊食性：以昆蟲和蚯蚓等無脊椎動物為食

＊稀有評估：不常見

　　台灣特有種

台 灣蜓蜥是台灣分布海拔最高的石龍子，主要在1800公尺以上的山區才有機會見到牠們，高海拔的山椒魚和菊池氏龜殼花都是牠們的鄰居，記得第一次看到牠們就是在找山椒魚的過程中看到的，當時的海拔高度已經超過2700公尺了，能夠遇到還真是感動，因為此種並不算常見。以往我們在高海拔地區觀察時，目標都是菊池氏龜殼花或是山椒魚，此時在檳龜的時候看到牠們就是最好的安慰獎，相信一起前往的朋友也是如此，畢竟台灣蜓蜥也不是隨便想看就有的，還是要帶有那麼一點的運氣。

南部山區之個體

中部山區之個體

腹部為黃色

背部花紋明顯之個體

無斷尾之個體

斷尾再生之個體

臉部有明顯黑褐色花紋，並延伸至尾部

體側黑褐色花紋特寫

特有種　特有亞種　保育類　外來種

沙氏變色蜥

Anolis sagrei Duméril and Bibron, 1837

＊ 俗別名：褐變色蜥、褐安樂蜥
＊ 體型大小：全長12-20公分
＊ 食性：以昆蟲和蚯蚓等無脊椎動物為食
＊ 稀有評估：局部常見
　外來種

沙　氏變色蜥是台灣唯一變色蜥科的物種，屬於外來種的牠們，可能當初是跟著苗木帶進來的，第一次發現地點是嘉義的三界埔苗圃，因數量越來越多，且也會跟別的原生蜥蜴競爭，已經造成很大的威脅，當地也多次發起移除沙氏變色蜥行動，不過要完全移除是相當困難。近幾年在花蓮七星潭也發現其族群，沙氏最特別的地方在於雄蜥的喉部有一塊紅色肉垂，示威的時候會展開，腳趾除了有足爪外也有皮瓣，幫助牠們攀附在各種不同環境，這類的變色蜥在國外也是相當強勢的外來種。

每年可產卵多次，但每次只產一顆卵

剛破卵的沙氏變色蜥

幼蜥尾巴偏紅

在植物上休息的雄蜥，尾巴會自割，
白天不易捕捉

大腹便便的雌蜥

背部白色斑紋明顯的個體

在宣示領域，展示喉部鮮豔肉垂的雄蜥

腳趾內有如壁虎般的皮瓣

特有種　特有亞種　保育類　外來種

綠鬣蜥

Iguana iguana (Linnaeus, 1758)

* 俗別名：美洲鬣蜥
* 體型大小：全長120-160公分最大200公分
* 食性：雜食，成體植物為主食，幼體會捕食昆蟲
* 稀有評估：局部常見
  外來種

現在的台灣可以說已經是外來種生物的天堂，北部有綠水龍，南部則有綠鬣蜥，綠鬣蜥原產於中南美洲，是一種大型的蜥蜴，最大可以達到200公分，主要為雜食性，但會隨著成長變成草食性。在南部已有龐大族群，經常把農田的作物及周圍的植物吃光，晚上則會睡在靠近水邊較高的樹上，一有動靜牠們會從樹上躍入水中逃逸，目前彰化的二林溪野外也有穩定的族群，而且聽說在十幾年前就有了。由於野生的綠鬣蜥相當怕生，喜歡的環境又是水邊，要移除困難度也是相當高的。

105

幼蜥體色較鮮豔

在彰化一帶的綠鬣蜥

在嘉義一帶的綠鬣蜥

在屏東一帶的綠鬣蜥

正在吃農作物的綠鬣蜥

體色偏紅之個體

產於中美洲的個體，鼻頭上有2至4個
鬣刺隆起

產於南美洲的個體，鼻頭上無隆起鬣刺

特有種　特有亞種　保育類　外來種

高冠變色龍

Chamaeleo calyptratus (Duméril and Bibron, 1851)

* 俗別名：
* 體型大小：全長35-45公分最大60公分
* 食性：以昆蟲為食
* 稀有評估：少見

外來種

台　灣的外來種已經沒有極限！前幾年在網路上看到有朋友在討論，才知道高雄地區有高冠變色龍的族群，而且是數量很多的幼體，後來與朋友詢問後就決定組團去找，找了幾次果然都有看到不少的個體，晚上喜歡睡在高高的木麻黃上，所以想找到牠們真的很考驗眼力。高冠變色龍原產在葉門和沙烏地阿拉伯，是寵物市場最常見的變色龍，也是最入門的種類。體型為中大型，最大可以到60公分，雄的體型比雌大，雄的後腳跟有肉狀突起，雌的則沒有此突起。

107

高冠變色龍的野外族群

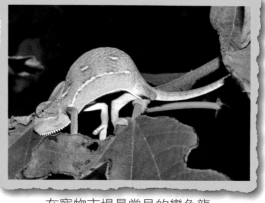

在寵物市場最常見的變色龍

幼蜥體型約10公分左右

喜歡活動於較高的植物體上

野外發現的幼體數量較多

野外的成體數量較少

體側特寫，體色會隨著環境改變

尾巴可以捲曲，並有纏繞物體的功能

LIZARDS of
TAIWAN

Chapter3
食物

大多數的蜥蜴都是肉食性，
只有少部分為雜食性或以植物為食。
在台灣的蜥蜴中，
除了外來種綠鬣蜥以植物為食及鱗趾虎會舔食蜜露外，
其牠皆以肉食為主。
基本上只要會動的牠們都會捕食，
但因為體型都不大，
所捕食的對象大多是比自己小的昆蟲、
無脊椎動物以及同類。
生活在不同棲地環境的蜥蜴，
捕食的對象也會不同，
如住在海邊的沿岸島蜥會捕食魚蝦蟹，
少數種類則會撿食昆蟲和無脊椎動物的屍體。

在台灣的蜥蜴中，除了外來種綠鬣蜥以植物為食及鱗趾虎會舔食蜜露外，其牠皆以肉食為主。

鱗趾虎有舔食蜜露的行為

鉛山壁虎捕食蟑螂

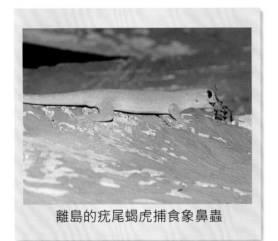
離島的疣尾蝎虎捕食象鼻蟲

外來種綠鬣蜥長大後，會以植物為食

哈特氏蛇蜥撿食蚯蚓的屍體

印度蜓蜥捕食蜘蛛

此外蛇蜥科的哈特氏蛇蜥及石龍子科的蜥蜴，偶爾也會撿食昆蟲的屍體。

麗紋石龍子撿食昆蟲屍體

多線真稜蜥捕食金龜子幼蟲

斯文豪氏攀蜥捕食蟋蟀

疣尾蝎虎捕食胡蜂

龜山壁虎捕食蛾類

岩岸島蜥捕食螃蟹

**LIZARDS of
TAIWAN**

Chapter4

天敵

台灣原生的蜥蜴體型都不大，
在弱肉強食的野外便顯得較為弱勢，
是很多動物會捕食的對象，
舉凡大型牛蛙、蜘蛛、蜈蚣
以及蛇類如過山刀、南蛇、
臭青公、雨傘節、茶斑蛇等，
而赤背松柏根及赤腹松柏根則會捕食蜥蜴的卵。

此外，

鳥類的白鷺鷥、夜鷺、猛禽、翠鳥；
鴉科成員的喜鵲、台灣藍鵲及伯勞科的伯勞鳥
也都是會捕食蜥蜴的常客。
哺乳類則有黃鼠狼、鼬獾、麝香貓、
白鼻心、食蟹獴、石虎及野貓等，
甚至也會被同類捕食。

蜥蜴的天敵

蜥蜴的天敵繁多，如茶斑蛇常會以坐等的方式，等待蜥蜴經過再發動攻擊，以後溝牙將毒液注入蜥蜴體內，使蜥蜴癱瘓後將蜥蜴吞下肚。

蜈蚣捕食股鱗蜓蜥

食蟹獴捕食印度蜓蜥

茶斑蛇捕食麗紋石龍子

在眾多天敵中，蛇類的過山刀捕食蜥蜴時，會直接活吞，其時間非常的短暫。

茶斑蛇捕食印度蜓蜥

過山刀捕食斯文豪氏攀蜥

台灣藍鵲捕食麗紋石龍子

1,7

LIZARDS of
TAIWAN

nature-travel-life.com

Chapter5

防禦

蜥蜴其實跟大部分的野生動物一樣膽小，
一有風吹草動就是腳底抹油趕快逃跑，
或使出各種花招分散敵人的注意力。
逃跑是蜥蜴最常出現的防禦方式，
若無法脫逃成功，牠們就會展現別的防禦方式，
如壁虎和石龍子類的蜥蜴遭受攻擊時，
尾巴就會自割，
斷裂的尾巴會持續扭動以分散敵人的注意力，
或有裝死等行為，此時牠們便可趁機或等待機會逃走。
攀蜥類會將身體撐高，
讓自己的體型看起來變得壯大，
並張口威嚇甚至咬人，
此外身體也會因驚嚇而瞬間變色，
因而讓敵人不容易發現。
蛇蜥這類穴居的蜥蜴則是會快速在落葉堆或土間穿梭。
綠鬣蜥和綠水龍等喜歡居住在水邊的蜥蜴，
在遭遇危險時，
經常會跳入水中使用水遁的方式逃生。

台灣的蜥蜴遇敵時，大部分的第一個動作就是趕快逃跑，並迅速躲藏起來，讓敵人不易發現，但如果時間緊迫，除龍蜥外，大部分的蜥蜴都以斷尾的方式逃生，並張口威嚇甚至張嘴咬人。

多線真稜蜥以斷尾的方式，自割尾巴後逃離現場

長尾真稜蜥以張嘴開咬的方式
使敵人害怕

沙氏變色蜥會將身體撐高
並展開橘紅色喉囊示威

張嘴示威是攀蜥被捕捉時的本能

長尾真稜蜥也會跳入水中
利用水遁的方式逃生

多線真稜蜥被捕捉時也常以自割的方式逃生

LIZARDS of
TAIWAN
nature-travel-life.com

Chapter6

棲地

台灣是個得天獨厚的地方，

擁有各式各樣複雜的地形，

加上適宜的氣候，孕育出許多種類的蜥蜴，

從海邊一直到海拔3000公尺以上的山區都有蜥蜴的蹤跡。

有些種類全島都有分布，

有些則侷限分布在離島和特定地區，

有些則要到特殊環境才看的到，

例如沿岸島蜥偏愛礁岩海岸，

台灣蛭蜥和雪山草蜥是高海拔地區物種，

要看牠們則需要到海拔1800公尺以上的山區。

跟蛇類相比，蜥蜴更貼近人類的生活，例如隨處可見的壁虎。每種蜥蜴都有各自偏好的環境，想要尋找蜥蜴，從牠們喜歡的環境著手就比較容易發現牠們。大多數的蜥蜴都是日行性，少數喜歡在夜間活動。日行性的蜥蜴喜歡在森林邊緣或是路邊曬太陽，只要循著森林邊緣就能很容易發現牠們，若要尋找較稀有種類的蜥蜴，就需要去較特殊的區域，再加上一些好運氣就有機會一親芳澤。

一、低海拔草生地及開墾地活動的蜥蜴

低海拔草生地及開墾地環境，是最多種類活動的區域，有舊大陸鬣蜥科、壁虎科、正蜥科、石龍子科、變色蜥科、美洲鬣蜥科、變色龍科等。常見的有黃口攀蜥、斯文豪氏攀蜥、綠水龍、脊斑壁虎、無疣蝎虎、台灣草蜥、古納氏草蜥、鹿野草蜥(僅分布於台灣東部)、梭德氏草蜥(僅分布於台灣南部及東部)、北草蜥(僅分布於金門及馬祖)、蓬萊草蜥、翠斑草蜥(僅分布於台灣北部及東北部)、中國光蜥(僅分布於金門及馬祖)、長尾真稜蜥、多稜真稜蜥(僅分布於蘭嶼)、多線真稜蜥、麗紋石龍子、中國石龍子、白斑石龍子(僅分布於台灣東部及東北部)、台灣滑蜥、股鱗蜓蜥、印度蜓蜥、沙氏變色蜥、綠鬣蜥、高冠變色龍等。

鹿野草蜥常會在芒草上活動

蓬萊草蜥是台灣西部常見的草蜥
也偏好在草生地活動

印度蜓蜥喜歡在低海拔開墾地的果園及步道中活動

股鱗蜓蜥是南台灣開墾地常見的蜥蜴

二、中海拔開墾地及森林邊緣底層、上層活動的蜥蜴

偏好這樣棲地的以攀蜥為最多，短肢攀蜥、呂氏攀蜥、牧氏攀蜥、哈特氏蛇蜥、台灣草蜥、梭德氏草蜥、麗紋石龍子、台灣滑蜥、印度蜓蜥等。

呂氏攀蜥分布於中海拔山區，是侷限分布的蜥蜴，不容易遇見

短肢攀蜥是中海拔活動的蜥蜴中最容易遇到的蜥蜴

哈特氏蛇蜥是活動於森林底層的蜥蜴，並不容易見到

麗紋石龍子常於開墾地的路邊斜坡處活動

三、高海拔森林邊緣及碎石坡活動的蜥蜴

此種環境氣溫常在15度C以下，因此能適應低溫環境下的種類並不多，只有雪山草蜥及台灣
蜓蜥2種。

台灣蜓蜥

雪山草蜥

四、住家附近、公園及廢棄建築物活動的蜥蜴

此種環境出現的蜥蜴以壁虎科的成員居多，有大壁虎、鉛山壁虎、截趾虎、馬祖未命名
之壁虎、金門未命名壁虎、脊斑壁虎、無疣蝎虎、密疣蝎虎、疣尾蝎虎、史丹吉氏蝎虎、
黃口攀蜥、斯文豪氏攀蜥等。

馬祖未命名之壁虎喜歡在廢棄建築物的牆面上產卵

此壁虎有聚集產卵的習性

脊斑壁虎喜歡在廢棄建築物陰暗處活動
（此為廢棄之坑道）

此壁虎有聚集產卵的習性，
在廢棄坑道內產下的卵皆完全不見光

疣尾蝎虎是住家附近最常出現的壁虎

此壁虎產卵較隨性，無特別固定的位置

五、海岸礁岩附近及樹林底層活動的蜥蝪

常於此處活動的蜥蝪有龜山壁虎、鉛山壁虎、菊池氏壁虎(僅分布於蘭嶼)、疣尾蝎虎、半葉趾虎、鱗趾虎、雅美鱗趾蝎虎(僅分布於蘭嶼)、岩岸島蜥、庫氏真稜蜥(僅分布於蘭嶼)、長尾真稜蜥、股鱗蜓蜥等。

蘭嶼環島公路旁的
礁岩附近是庫氏真稜蜥
及岩岸島蜥典型的活動區域

庫氏真稜蜥

海岸礁岩附近的樹林底層
是長尾真稜蜥活動的區域

躲藏在樹洞休息的長尾真稜蜥

鱗趾虎常會在礁岩附近的
樹林底層活動，以夜間活動為主

鱗趾虎常會將卵產在樹下及礁岩上

LIZARDS of
TAIWAN

nature-travel-life.com

Chapter7

野外記錄與攝影

現在喜歡奔走野外、觀察兩生爬行動物的人越來越多，

有人喜歡賞蛙，有人喜歡找蛇，有些則喜歡觀察蜥蜴。

台灣的蜥蜴種類多，有不少稀有和漂亮的物種，

但因為大部分都膽小怕生，

想觀察記錄則有一定的難度。

出門觀察蜥蜴之前，首先要知道蜥蜴會在什麼時候出現，

台灣大多數的蜥蜴都是日行性，

所以在白天十分容易觀察到牠們，

而少部分夜行性的蜥蜴如壁虎類，可在樹幹上、石縫邊、

牆上或是有光源吸引昆蟲的地方找到牠們。

若在白天尋找蜥蜴，

可以往開闊的地方如森林邊緣或是馬路邊尋找，

很容易發現牠們正在這些環境享受著日光浴。

若想在白天尋找夜行性的壁虎也不無可能，

可以在變電箱、看板背後、牆(石)縫中或是植物基部尋找，

應該就會有所斬獲。

隨著現在相機的普及，人人都擁有方便的攝相工具，

由於蜥蜴動作敏捷，若使用焦段較長的鏡頭，

較能夠輕鬆拍攝到較滿意的照片。

一、相機的選擇

　　隨著現在相機的普及，人人都擁有方便的攝影工具，有拍照功能強大的手機、一般型的數位相機、類單眼數位相機、微單眼數位相機、單眼數位相機(含全片幅相機)，那麼該選擇哪一種相機拍攝蜥蜴呢？其實不同的相機各有其優缺點，只要拍的到蜥蜴，都是一台好相機，除非要求高解析度，那一般相機或手機可能就沒辦法達到，就必須使用單眼數位相機，若搭配使用焦段較長的鏡頭，較能夠輕鬆拍攝到清晰的照片，而且解析度更高。

使用一般型的數位相機進行拍攝拍攝時應盡量避免晃動
(右圖為拍攝後的照片)

此圖為一般型的數位相機使用
微距模式拍攝壁虎趾爪

二、光源的運用

　　拍攝蜥蜴大部分都是在白天，因此太陽光是白天拍攝蜥蜴的主要光源，所以我們可以運用自然光來記錄，不過如果是逆光時就必須調整曝光量，讓其曝光增加或是補光，補光可使用補光板、手電筒、閃光燈等。而在低光環境下，除調高ISO讓曝光足夠外，也可配合使用補光板、手電筒、閃光燈等補光。

運用自然光源拍攝綠水龍
(右圖為拍攝後的照片)

拍攝條件:鏡頭60mm macro
光圈F8 速度1/160sec ISO400

使用手電筒補光拍攝水管涵管內的
長尾真稜蜥(左下圖為拍攝後的照片)

拍攝條件:鏡頭24mm macro
光圈F2.8 速度1/30sec ISO1600

使用手電筒補光加閃光燈
拍攝水管涵管內的長尾真稜蜥
(右圖為拍攝後的照片)。

拍攝條件:鏡頭150mm macro
光圈F13 速度1/320sec ISO400

（A）使用閃光燈加離機閃光燈拍攝脊斑壁虎的卵(右圖為拍攝後的照片)。

（B）拍攝條件:鏡頭60mm macro / 光圈F29 速度1/320sec ISO100

（C）逆光條件下拍攝牧氏攀蜥，拍攝條件:鏡頭15mm macro，光圈F8 速度1/320sec
　　 ISO400 拍攝時除了主閃光燈開啟外，也加上離機閃光燈。

（D）夜間逆光條件下拍攝密疣蝎虎，拍攝條件:鏡頭24mm macro，光圈F5 速度1/50sec
　　 ISO2000 拍攝時除了利用現場光外，也加上手電筒補光。

（E）坑道內無光源的環境下拍攝脊斑壁虎，拍攝條件:鏡頭24mm macro，光圈F4.5
　　 速度1/100sec ISO800 拍攝時無使用閃光燈，只使用手電筒補光。

喜歡親近大自然，拍攝蜥蜴時記得將地點記錄下來，以作為將來物種判定之參考，但不得刻意公開其地點以保護牠們(外來入侵種除外)。

嘉義三界埔一帶是外來入侵種沙氏變色蜥的大本營

外來入侵種沙氏變色蜥

高雄愛河一帶已有大量的密疣蝎虎

外來入侵種密疣蝎虎

四、多拍多觀察

多拍是拍出理想照片最簡單的方法，構圖可以多樣，有時邊觀察邊記錄，都有可能捕捉到特殊的畫面！

牧氏攀蜥排泄連續動作1

牧氏攀蜥排泄連續動作2

牧氏攀蜥排泄連續動作3

牧氏攀蜥排泄連續動作4

五、野外攝影裝備保養

　　野外攝影最常遇到的就是鏡頭外圍入塵，鏡頭只是輕微的入塵，只須使用空氣吹球及試鏡(布)紙做清潔即可，如果是遇到下雨，最好是停止拍照，若要繼續拍攝，要有相機及鏡頭掛掉的心理準備，下雨時一定要給相機穿上防水雨衣，如果沒有也要讓它穿上簡易的防水道具，如圖(a)。相機若不小心弄濕了，如圖(b)，應立即使用面紙或乾布迅速將相機上的水擦乾，並且將相機的電池取出，一同放入防潮盒內，回家後一定要放入防潮箱內去除濕氣，如圖(c)。

(a)

(b)

(c)

a)簡易的防水道具

b)相機若不小心弄濕了，應立即使用面紙或乾布迅速將相機上的水擦乾

c)防潮箱是相機在野外使用後一定要放入除濕的地方，應養成相機使用完後都應放入防潮箱
　除濕的習慣

LIZARDS of
TAIWAN

nature-travel-life.com

Chapter8
相似種類之 ~~辨識~~

　　台灣原生的蜥蜴種類不少，部份種類的外型相當相似，
　　要辨識前先釐清這些比較容易搞混的種類間差異，
　　　　　　　例如無疣蝎虎、疣尾蝎虎
　　　　及史丹吉氏蝎虎在乍看之下十分相像；
　　　　　印度蜓蜥和股鱗蜓蜥也不易分辨；
　　斯文豪氏攀蜥跟黃口攀蜥也很容易搞混，
　　　　　草蜥類的台灣草蜥、蓬萊草蜥、
　　翠斑草蜥和鹿野草蜥的辨列更是一門學問。

　　　　相似種的辨別除了需要仔細觀察外，
　　　　　再加上一些資訊輔佐會更為快速，
　　　　例如地點就是一個重要參考的依據。

斯文豪氏攀蜥與黃口攀蜥之辨識特徵：

1.斯文豪氏攀蜥

舌粉紅色，口腔內為黑色。

2.黃口攀蜥

舌黃色，口腔內為黃色。

黃口攀蜥與短肢攀蜥之辨識特徵：

3.黃口攀蜥

雄蜥喉垂呈橘紅色，雌蜥較不明顯。

4.短肢攀蜥

雄、雌蜥喉垂皆無橘紅色特徵。

5.短肢攀蜥

臉部無明顯淺藍色斑。

6.呂氏攀蜥

臉部常帶有明顯淺藍色斑。

7.呂氏攀蜥

喉垂不具黑色斑點，只分布在宜蘭及
花蓮山區。

8.牧氏攀蜥

中部及東部個體喉垂常具黑色斑點。

截趾虎與無疣蝎虎之辨識特徵：

9.截趾虎

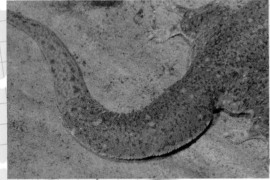

尾部較肥大，兩側呈扁平擴張。

10.無疣蝎虎

尾部較圓且細小。

無疣蝎虎與疣尾蝎虎之辨識特徵：

11.無疣蝎虎

尾巴無刺狀鱗。

12.疣尾蝎虎

尾巴有刺狀鱗，像狼牙棒狀。

13.鉛山壁虎

14.無疣蝎虎

皮瓣單行。

皮瓣雙行。

15.疣尾蝎虎

16.密疣蝎虎

背部夾帶大型疣。

背部的大型疣較明顯。

密疣蝎虎與脊斑壁虎之辨識特徵：

17.密疣蝎虎

皮瓣雙行。

18.脊斑壁虎

皮瓣單行。

脊斑壁虎與菊池氏壁虎之辨識特徵：

19.脊斑壁虎

舌前端為灰黑色。

20.菊池氏壁虎

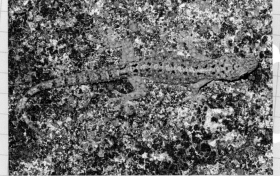

舌前端為桃紅色。

21.菊池氏壁虎

尾巴有刺狀鱗。

22.鉛山壁虎

尾巴無刺狀鱗。

23.鉛山壁虎

背部有大型疣。

24.龜山壁虎

背部疣鱗均一，無大型疣。

馬祖未命名之壁虎與鉛山壁虎之辨識特徵：

25.馬祖未命名之壁虎

背部疣鱗均一，無大型疣。

26.鉛山壁虎

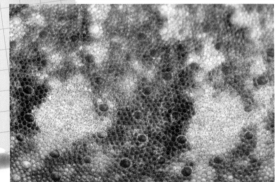

背部有大型疣。

半葉趾虎與鱗趾虎之辨識特徵：

27.半葉趾虎

身體細長。

28.鱗趾虎

身體長度較短。

29.鱗趾虎

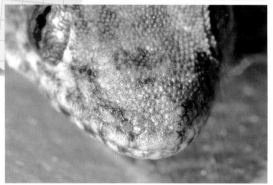

吻鱗與鼻孔相連。

30.雅美鱗趾虎

吻鱗與鼻孔不相連。

31.史丹吉氏蝎虎

尾巴扁平，兩邊呈鋸齒狀。

32.疣尾蝎虎

尾巴有刺狀鱗，如狼牙棒狀。

北草蜥與蓬萊草蜥之辨識特徵：

33.北草蜥

腹部鱗片下緣較尖，鱗片鱗脊明顯
(只分布於馬祖)。

34.蓬萊草蜥

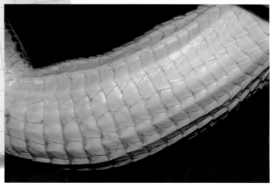

腹部鱗片下緣較平整，鱗片鱗脊不明顯
(主要分布於台灣西部、東北部)。

蓬萊草蜥與台灣草蜥之辨識特徵：

35.蓬萊草蜥

只有1對鼠蹊孔
(主要分布與台灣西部、東北部)。

36.台灣草蜥

有2對鼠蹊孔
(主要分布於台灣西部)。

37.翠斑草蜥

體側具明顯淺綠色斑點
(主要分布於台灣西北部、東北部)。

38.鹿野草蜥

體側為黃色斑，但不明顯
(主要分布於花東地區)。

39.台灣草蜥

腹部鱗片鱗脊明顯
(主要分布於台灣西部)。

40.雪山草蜥

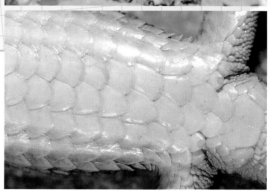

只有腹部鱗片兩側有弱鱗脊(主要分布於
中央山脈、雪山山脈1800公尺以上山區)。

古納氏草蜥與梭德氏草蜥之辨識特徵：

41.古納氏草蜥

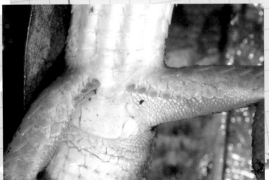

有3至5對鼠蹊孔
(主要分布於台灣1000公尺以下山區)。

42.梭德氏草蜥

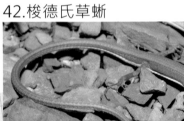

只有1對鼠蹊孔
(主要分布於台灣南部、東部、蘭嶼)。

沙氏變色蜥與斯文豪氏攀蜥之辨識特徵：

43. 沙氏變色蜥

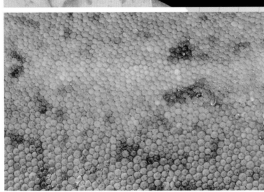

鱗片為顆粒狀。

44.斯文豪氏攀蜥

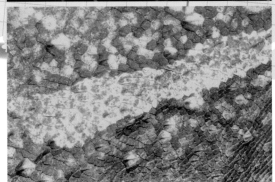

鱗片呈不規則大小。

綠鬣蜥與綠水龍之辨識特徵：

45.綠鬣蜥

有明顯喉垂(喉扇)。

46.綠水龍

喉垂不明顯。

麗紋石龍子與中國石龍子辨識特徵：

47.麗紋石龍子

一般都不具後鼻鱗。

48.中國石龍子

一般都具後鼻鱗。

中國光蜥與印度蜓蜥之辨識特徵：

49.中國光蜥

鱗片有3道不明顯鱗脊。

50.印度蜓蜥

鱗片光滑無鱗脊。

印度蜓蜥與股鱗蜓蜥之辨識特徵：

51.印度蜓蜥

股部鱗片大小一致。

52.股鱗蜓蜥

股部具有不規則大型鱗片。

53.股鱗蜓蜥

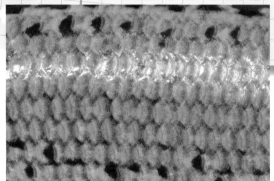

鱗片光滑無鱗脊。

54.長尾真稜蜥

背部鱗片有2道不明顯鱗脊。

55.多稜真稜蜥

背部鱗片有5道以上明顯鱗脊。

56.多線真稜蜥

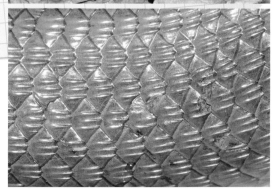

背部鱗片有3到明顯的鱗脊。

岩岸島蜥與印度蜓蜥之辨識特徵：

57.岩岸島蜥

吻端較長(尖)。

58.印度蜓蜥

吻端較短。

庫氏真稜蜥與多稜真稜蜥之辨識特徵：

59.庫氏真稜蜥

背部鱗片有5道以上鱗脊，
體側有2條白色縱帶。

60.多稜真稜蜥

背部鱗片有5道以上鱗脊，
體側有1條較寬之黑色縱帶。

中國石龍子(幼蜥)與麗紋石龍子(幼蜥)之辨識特徵：

61.中國石龍子(幼蜥)

體側有明顯金黃色斑點。

62.麗紋石龍子(幼蜥)

體側及背部有金色縱紋。

白斑石龍子與中國石龍子之辨識特徵：

63.白斑石龍子

背部有明顯白色斑點。

64中國石龍子

背部無明顯白色斑點。

中國石龍子與多線真稜蜥之辨識特徵：

65.中國石龍子

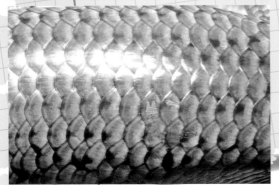

背部鱗片鱗脊不明顯。

66.多線真稜蜥

背部鱗片有3道明顯鱗脊。

印度蜓蜥與台灣滑蜥之辨識特徵：

67.印度蜓蜥

鼻、眼、耳間的鱗片光滑，
但仍看得見鱗片花紋。

68.台灣滑蜥

鼻、眼、耳間鱗片光滑，
花紋呈半透明，幾乎看不到。

69.台灣滑蜥

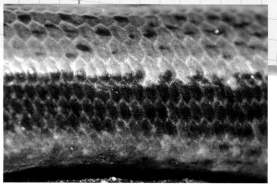

鱗片光滑，花紋呈半透明，
分布於海拔1500公尺以下山區。

70.台灣蜓蜥

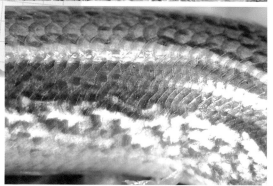

鱗片光滑，常帶有黑緣，
分布於海拔1800公尺以上山區。

印度蜓蜥與長尾真稜蜥之辨識特徵：

71.印度蜓蜥

鱗片光滑無鱗脊。

72.長尾真稜蜥

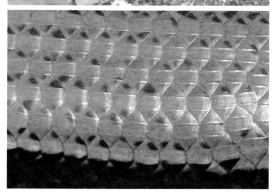

背部鱗片有2道不明顯的鱗脊。

野外長年的觀察，您是否注意到不同區域、不同的海拔高度，其同種類個體間的外型也有很多的差異。此外，攀蜥類的雌蜥可分為「棕背型」及「均一擴散型」兩種。

牧氏攀蜥的個體差異：

1.南投個體（雄蜥）。

2.南投個體（體色為棕背型雌蜥）。

3.屏東個體（雄蜥）。

4.屏東個體（體色為棕背型雌蜥）。

5.屏東個體（雄蜥）。

6.屏東個體（體色為均一擴散型雌蜥）。

7.台東個體（雄蜥）。

8.花蓮個體（雄蜥）。

中海拔常見的短肢攀蜥，其北、中、南部族群在外型上的體色斑紋差異極大，南部族群甚至有口腔偏黃的個體。

短肢攀蜥的個體差異：

1.新竹個體（雄蜥）。

2.新竹個體（雄蜥）。

3.南投個體（雄蜥）。

4.南投個體（體色為均一擴散型雌蜥）。

5.南投個體（雄蜥）。

6.南投個體（體色為均一擴散型雌蜥）。

7.高雄個體（雄蜥）。

8.高雄個體（體色為棕背型雌蜥）。

斯文豪氏攀蜥是台灣低海拔分布最廣的種類，不同的縣市，同種之間的體色、花紋有很大的差異，海拔高的個體及東南部個體，體色通常偏綠。

1.台北個體（雄蜥）。

2.宜蘭個體（雄蜥）。

3.台中個體（雌蜥）。

4.南投個體（雌蜥）。

5.南投個體（雄蜥）。

6.屏東個體（雄蜥）。

7.屏東個體（雄蜥）。

8.屏東個體（雌蜥）。

9.恆春半島個體（雄蜥）。

10.花蓮個體（雌蜥）。

11.琉球嶼個體（雄蜥）。

12.台東個體（雄蜥）。

13.綠島個體（雌蜥）。

14.綠島個體（雄蜥）。

15.蘭嶼個體（雄蜥）。

16.蘭嶼個體（雄蜥）。

花絮

因為蜥蜴的動作敏捷，常常一有動靜就消失無蹤，所以在野外觀察蜥蜴要比較小心，動作要輕柔，如果要拍攝蜥蜴又怕驚擾到牠們的話，使用長鏡頭會是很好的選擇。蜥蜴跟蛇類相比，在姿態和動作上多了很多變化，都是很好的拍攝題材。有些種類的蜥蜴不容易觀察，需要上山下海，加上牠們很容易受到驚擾，拍攝者常常為了要完成記錄，屈就各種環境而做出奇奇怪怪的姿勢，如果蜥蜴拍不好，不妨轉過身去拍拍身邊朋友拍照的英姿或是接觸蜥蜴的過程，相信會有很多特別的回憶。

Angel真是太棒了
涵管內有長尾真稜蜥。

什麼！水溝內發現不怕人的股鱗蜓蜥
可以讓我慢慢拍了。

疣尾蝎虎表示：
小勛叔叔您
嚇到我了，
等一下
我要斷尾給您看。

小安你的相機背帶忘記掛在脖子上了，
這樣晃來晃去會嚇到股鱗蜓蜥啊！

志明你不要怕，
可以靠近一點。

1
7
5

刮颱風拍風景，下雨天拍雨景，
所以穿雨衣是一定要的。

小妹妹手機嚕那麼近，
一定是發現超卡哇伊的物種。

小黑可以起來了嗎？
我已經趴3個小時了。

大家拍的那麼認真，這蜥場一定不簡單。

就算以前拍過也要繼續拍，
發揮小黑爸爸精神。

長尾真稜蜥
實在可愛，
讓妹妹愛不釋手。

花絮

風雲子阿伯架式十足，
果然是老劍仙老江湖。

志明不知道在拍什麼，
這姿勢已經停留10幾分鐘了。

趕緊短肢攀蜥在睡覺，
看我傻瓜相機的厲害。

小安下面是絕情谷，
掉下去就不好玩了。

有拜有保庇，
出發前一定要拜一下！

在拍芒草無誤！

在拍蘭花無誤！

小助
我不會跟別人說你有去過綠島。

台南的林叔叔您嚇到我了。

台東產的斯文豪氏攀蜥
真是美的不像話。

蜥蜴保育

　　環境汙染和棲地過度開發，一直都是物種快速消失的原因，這兩個問題對於蜥蜴來說，同樣也造成很大的生存威脅。台灣地狹人稠，人口成長之下需要的生活空間也逐漸增加，開發一直沒有間斷過，如今更是變本加厲，原始環境漸漸消失，動物資源也越來越少，許多物種數量早已大不如前。道路的開發造成棲地的破碎化，除了削減動物生活環境，每一條新開發的馬路對於動物來說都是一個死亡的起點。身為外溫動物的蜥蜴仰賴陽光的溫暖，在白天道路的邊緣成了蜥蜴曬太陽的場所，也因此造成了許多蜥蜴慘死輪下。現今台灣的生態保育意識開始抬頭，但是在爬蟲類這一塊還是較不為大眾所熟悉，也最常被忽略，希望未來大眾能對蜥蜴有更多的認識與了解，若能好好珍惜及保護現存的每一塊棲息地，相信這些可愛的原生種小蜥蜴除了是我們這代人的記憶，也能夠永遠陪伴著台灣的小朋友長大，成為台灣人共同的記憶。

1
6
1

在白天道路的邊緣
是蜥蜴曬太陽的場所

許多蜥蜴慘死輪下

綠島上
注意野生動物警告號誌

除了人類活動的迫害，近幾年因為商品進口、亂放生，及人為無意或刻意的使外來種蜥蜴逸出，台灣外來種蜥蜴的種類也越來越多，甚至已經建立了族群，這些蜥蜴對於原生蜥蜴來說也是一個很大的衝擊。外來種蜥蜴會與原生種蜥蜴競爭棲息地和食物，原生蜥蜴甚至會成為體型較大的外來種蜥蜴的盤中飧，在內憂外患之下，台灣蜥蜴的生存越來越不易，處處充滿危機。

密疣蝎虎在高雄愛河及台
中港一帶已有固定的族群

素食的綠鬣蜥常被當成寵物飼養
如今彰化以南野外已有固定的族群

體型小危害大的沙氏變色蜥
目前嘉義及花蓮已有固定的族群

常當成寵物飼養的綠水龍
長大後並不討喜
目前北部已有固定的族群

多線真稜蜥原是南部的入侵種
如今連綠島也淪陷，已難控制

脊斑壁虎於屏東
及高雄已有固定的族群

科名索引

中文索引

學名索引

國家圖書館出版品預行編目資料

自然生活記趣：台灣蜥蜴特輯 = Nature.travel.life / 涂昭安，江志緯，曾志明著. -- 初版. -- 臺中市：印斐納褆國際精品有限公司，民110.02
　　面；　公分
ISBN 978-986-89216-2-7(平裝)

1. 蜥蜴 2. 動物圖鑑 3. 臺灣

388.7921　　　　　　　　　　　　　　　110002149

自然生活記趣 台灣蜥蜴特輯

作　　者／ 涂昭安　江志緯　曾志明

編　　輯／ 吳晉杰

校　　對／ 陳奎字

排　　版／ 呂孟娟

審　　訂／ 向高世

美術設計／ 陳怡璇　廖于瑄

總 策 劃／ 寵物官邸

行銷企劃／ 爬王

發 行 者／ 印斐納褆國際精品有限公司

　　　　　407-53台中市西屯區大河一巷3弄20號

　　　　　TEL：(04) 2317-3899

　　　　　FAX：(04) 2317-8189

　　　　　E-mail:petgd.service@gmail.com

製版印刷／ 傑風廣告實業有限公司

版　　次／ 初版

出版年月／ 民國110年2月

定　　價／ 750元

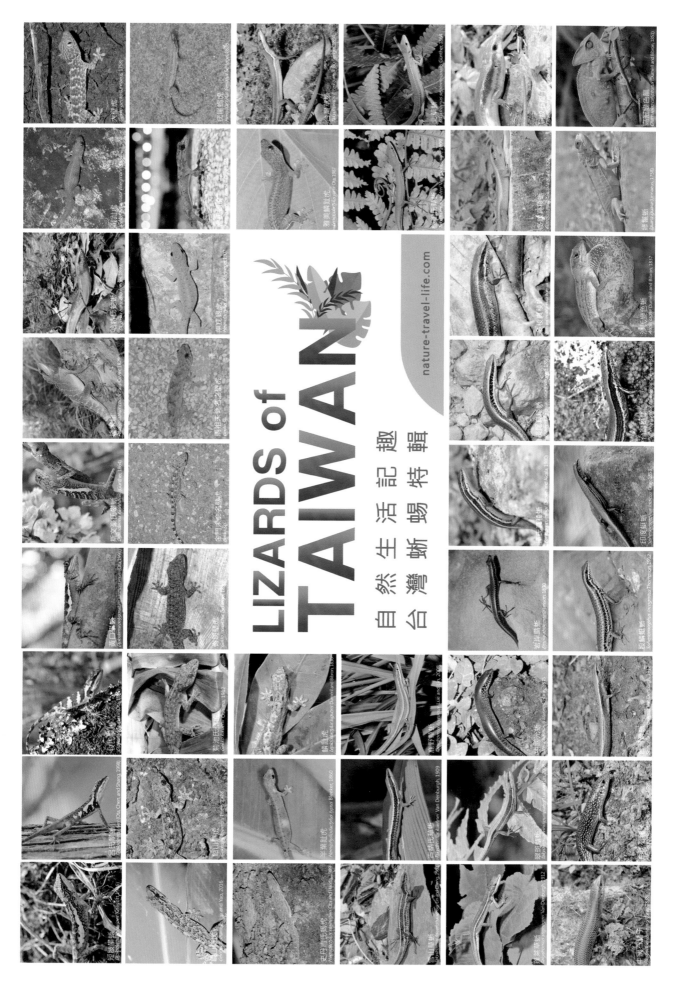

LIZARDS of TAIWAN

自然生活記趣
台灣蜥蜴特輯

nature-travel-life.com